AF831777

Wolfgang Herling

Die Masse ist es nicht

Literareon

MIX
Papier aus verantwortungsvollen Quellen
FSC® C083411
www.fsc.org

Bibliografische Information der Deutschen Nationalbibliothek:
Die Deutsche Nationalbibliothek verzeichnet diese Publikation
in der Deutschen Nationalbibliografie.
Detaillierte bibliografische Daten sind im Internet über
http://dnb.d-nb.de abrufbar.

Das Werk ist urheberrechtlich geschützt. Sämtliche, auch
auszugsweise Verwertungen bleiben vorbehalten.

© 2022 Wolfgang Herling

Titelabbildung: KELLEPICS | pixabay.com

Printed in EU
Literareon im utzverlag
Tel. 089 – 30 77 96 93 | www.literareon.de

ISBN 978-3-8316-2332-7

Inhaltsverzeichnis

Vorwort

Wie Einstein postuliert hatte und Astronomen schließlich bestätigen konnten, werden Lichtstrahlen gekrümmt, wenn sie Schwarze Löcher passieren. Eine gängige Erklärung für die Krümmung ist, dass sie durch die große Masse der Schwarzen Löcher verursacht wird. Diese These setzt allerdings die mathematische Grundregel außer Kraft, der zufolge eine Multiplikation mit null – hier mit masselosen Lichtstrahlen – stets null zum Ergebnis hat. Das Werk „Die Masse ist es nicht" präsentiert einen Erklärungsansatz, bei dem die Gültigkeit dieser Regel gewahrt bleibt.

Ob das Ziel, eine andere Begründung für die Lichtkrümmung zu finden, erreicht werden würde, war lange Zeit ungewiss. Letztendlich kam die Gedankenreise zu einem Ergebnis, allerdings mithilfe arg gewagter Thesen.

Keine Schlussfolgerung oder These ist wissenschaftlich belegt. Jedoch ist versucht worden, anerkanntes physikalisches Wissen korrekt anzuwenden und Widersprüchlichkeiten zu vermeiden. Ob dennoch Fehler gemacht worden sind und wenn ja, welche, dies herauszufinden, obliegt der Leserin/dem Leser. Der Autor wünscht dabei gute Unterhaltung – und sich natürlich, dass keine Fehler gefunden werden.

Die Abhandlung enthält eine Vielzahl mathematischer Formeln, die mit Oberstufenkenntnissen verstanden werden sollten. Notfalls hilft ein Nachschauen in physikalischen oder mathematischen Formelsammlungen.

Die Abhandlung basiert auf der physikalisch anerkannten Tatsache, dass es Elementarladungen gibt.

1 Die Ausgangslage

Es gibt massebehaftete Elementarteilchen mit elektrischer Ladung:

– Elektron	0,511 MeV	bzw.	9×10^{-31} kg	(Ruhemasse)
– Myon	105,66 MeV	bzw.	1.800×10^{-31} kg	(Ruhemasse)
– Proton	938,28 MeV	bzw.	16.700×10^{-31} kg	(Ruhemasse)
– Positron	0,511 MeV	bzw.	9×10^{-31} kg	(Ruhemasse)

(Quelle: Internet; tf-uni-kiel.de; „Elementarteilchen"; Stand: 26. 01. 2020)

Elektron, Myon, Proton und Positron sind elektrisch geladen, wenn auch, wie bei Elektron und Positron, mit gegensätzlichen Vorzeichen. Die elektrische Ladung hat den Wert $\mathbf{e = 1{,}602\,176\,634 \times 10^{-19}\,As}$ und wird als Elementarladung bezeichnet.

„Die Elementarladung ist die kleinste frei existierende elektrische Ladungsmenge. Die Ladung freier Teilchen und von Materiemengen beträgt entweder null oder ein ganzzahliges Vielfaches davon. So besitzen zum Beispiel das Elektron und das Myon die Ladung, ein Proton und ein Positron besitzen die Ladung." *(Quelle: Wikipedia)*

Während die Elementarladung stets den absolut gleichen Wert hat, sind die Massen insbesondere von Elektron und Proton deutlich unterschiedlich. Dass bei so großen Masseunterschieden die Elementarladung dennoch dieselbe ist, gibt Anlass zu der Vermutung, dass Elementarladung und Masse nicht aneinander gebunden sein müssen – gebunden sein können, ja, aber nicht zwanghaft gebunden sein müssen. So funktionieren Elektromotoren mit massebehafteten Elektronen. Rundfunk dagegen funktioniert mit masselosen elektromagnetischen Wellen. Das Vorhandensein von Masse ist also keine zwingende Voraussetzung für „Elektrik".

2 Die Elementarladung

2.1 Herleitung einer Vorstellung, was eine Elementarladung sein könnte

Batterien nutzen den Effekt, dass der elektrische Potenzialunterschied zwischen Minus- und Pluspol mittels der Bewegung von elementarladungsbehafteten Elektronen ausgeglichen wird. Eine Batterie wird im allgemeinen Sprachgebrauch als „leer" bezeichnet, wenn es keinen Potenzialunterschied mehr gibt. Wenn der Drang zum Potenzialausgleich so groß ist, wieso gibt es dann überhaupt Elementarladungen? Es sollte doch seit dem Urknall genügend Zeit vorhanden gewesen sein, dass sich alle Potenzialunterschiede hätten ausgleichen können. Dass dies offensichtlich nicht der Fall ist, dafür muss es eine Begründung geben. Die banalste Erklärung ist: Ein Potenzialausgleich ist nicht immer möglich. Warum nicht? Antwort: wegen der Durchschlagfestigkeit.

Die zu überwindende Hürde für einen Potenzialausgleich wird kleiner, je näher sich die Potenziale sind. Grafik 1 zeigt die Positionen der Potenziale $\mathbf{P_A}$ und $\mathbf{P_B}$ zum Zeitpunkt $\mathbf{t_0}$. Der Abstand $\mathbf{r}$ ist so groß, dass es nicht zu einer Entladung kommt. In Grafik 1a haben sich $\mathbf{P_A}$ und $\mathbf{P_B}$ auf ihrer jeweiligen Bahn um die Strecke $\mathbf{b}$ weiterbewegt. Bei welchem Abstand $\mathbf{r_{elementar}}$ zweier Potenziale deren Potenzialunterschied durch die kleinstmögliche Ladungsdifferenz, nämlich der einer Elementarladung $\mathbf{e = 1{,}602\,176\,634 \times 10^{-19}\,As}$, verursacht ist, kommt es zu einem Potenzialausgleich? Die Durchschlagfestigkeit des Vakuums $\mathbf{V_D}$ beträgt $\mathbf{V_D = 20\,kV/mm = 20\,MV/m}$.

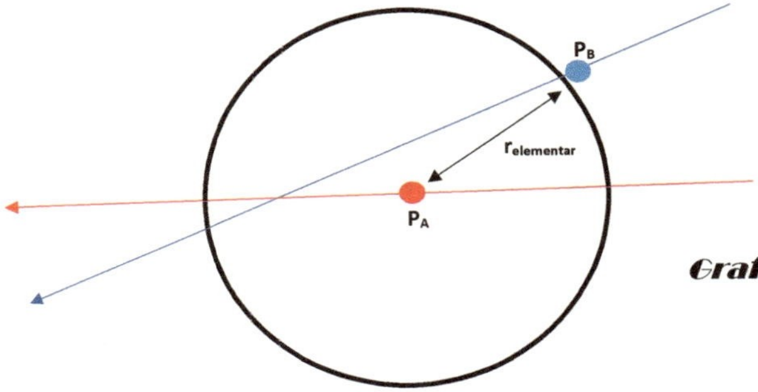

Grafik 1

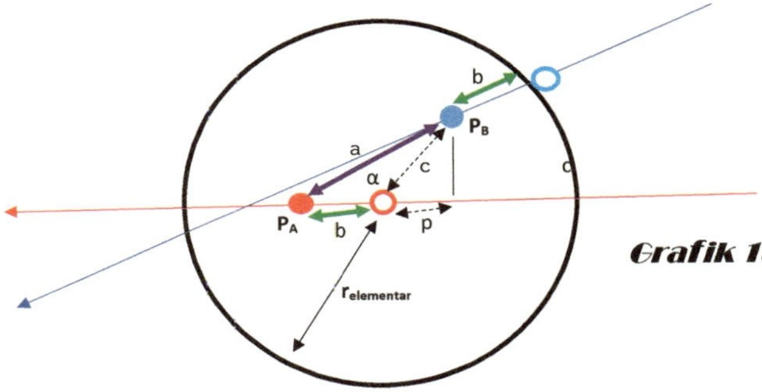

Grafik 1a

Potenzial $\mathbf{P_A}$

Potenzial $\mathbf{P_B}$

Radius $\mathbf{r_{elementar}}$ des Potenzials $\mathbf{P_A}$, innerhalb dessen es zu elektrischen Überschlägen kommt

Bewegungsrichtung des Potenzials $\mathbf{P_A}$

Bewegungsrichtung des Potenzials $\mathbf{P_B}$

Wegstrecke **b** der Potenziale $\mathbf{P_A}$ und $\mathbf{P_B}$ nach einer Zeitspanne $\mathbf{t - t_0}$

Abstand **a** der Potenziale $\mathbf{P_A}$ und $\mathbf{P_B}$ voneinander nach einer Zeitspanne $\mathbf{t - t_0}$

Einschub

Der Abstand **a** in Grafik 1a kann nach dem verallgemeinerten Satz des Pythagoras berechnet werden:

$a^2 = b^2 + c^2 \pm 2bp$
("+", wenn der Winkel α größer, "-", wenn der Winkel α kleiner 90 Grad ist; p ist die Projektion von c auf b; Quelle: mathematische Formelsammlung)

- **b, c** und **p** sind kleiner als $r_{elementar}$, ansonsten würde es nicht zu einer genügend kleinen Annäherung für eine Entladung kommen
- **p** ist maximal, wenn **b** gleich null ist, dann allerdings ist der Abstand der beiden Potenziale P_A und P_B gleich $r_{elementar}$ und damit zu groß, als dass es zu einer Entladung kommen würde
- **p** ist minimal (sogar negativ), wenn $b = r_{elementar}$ ist, dann aber hat auch das Potenzial P_A den Weg $r_{elementar}$ zurückgelegt; **a** ist kleiner als $r_{elementar}$

Wenn ein Potenzial in den $r_{elementar}$ - Kreis des Potenzials P_A eindringt, der Abstand **a** also kleiner als $r_{elementar}$ wird, kommt es zu einem elektrischen Überschlag.

Eine elektrische Punktladung erzeugt ein elektrisches Feld **E**, das sich nach Formel (1), siehe Wikipedia, berechnet:

(1) $E = 1/(4 \times \pi \times \varepsilon) \times Q/r^2$ oder **(1a)** $E = Q/(4 \times \pi \times \varepsilon \times r^2)$

E Betrag der elektrischen Feldstärke
ε Permittivität oder Dielektrizitätszahl; $\varepsilon = \varepsilon_r \times \varepsilon_0$
ε_r relative Permittivität (wird mit 1 angenommen)
ε_0 elektrische Feldkonstante; $\varepsilon_0 = 8{,}854.... \times 10^{-12}$ As/Vm
Q elektrische Ladung;
kleinstmögliche Ladung ist die Elementarladung
$e = 1{,}602176634 \times 10^{-19}$ As
r Entfernung von der Punktladung; hier: $r = r_{elementar}$

Mit **e** für **Q** folgt aus Formel (1a):

(1b) $E = V_D = 20\,MV/m = e / (4 \times \pi \times \varepsilon \times r_{elementar}{}^2)$

Umstellung nach $r_{elementar}$:

(2) $\mathbf{r_{elementar} = (e / (4 \times \pi \times \varepsilon \times V_D))^{1/2}}$

$r_{elementar} = (1{,}602176634 \times 10^{-19}\,As /$
$(4 \times \pi \times 8{,}854.... \times 10^{-12}\,As/Vm \times 20\,MV/m))^{1/2}$

$r_{elementar} = 0{,}0000000379\,m = 3{,}79 \times 10^{-8}\,m$

Die kleinste elektrische Entladung findet bei gegebener Durchschlagfestigkeit von $\mathbf{V_D = 20\,MV/m}$ und einem elektrischen Ladungsunterschied von $\mathbf{e = 1{,}602176634 \times 10^{-19}\,As}$ statt, wenn der Abstand kleiner ist als

$$\boxed{\mathbf{r_{elementar} = 3{,}79 \times 10^{-8}\,m}}$$

Mithilfe der Coulombschen Formel (siehe Wikipedia) wird der Betrag der Kraft $\mathbf{F_C}$ berechnet, die zwischen zwei elektrischen Ladungen $\mathbf{Q_1}$ und $\mathbf{Q_2}$ wirkt:

(3) $\mathbf{F_C = 1/(4 \times \pi \times \varepsilon) \times (|Q_1| \times |Q_2|)/r^2}$

$\mathbf{F_C}$	Betrag der Coulombkraft	[VAs/m]
$\boldsymbol{\varepsilon}$	siehe Formel (1)	
$\mathbf{|Q_1|, |Q_2|}$	Beträge der elektrischen Ladungen $\mathbf{Q_1}$ bzw. $\mathbf{Q_2}$	
r	Abstand zwischen den elektrischen Ladungen $\mathbf{Q_1}$ und $\mathbf{Q_2}$	

Betrachtet wird der Fall, dass sich $\mathbf{Q_1}$ und $\mathbf{Q_2}$ um eine Elementarladung **e** unterscheiden:

(3a) $\mathbf{|Q_1| = n \times e}$ (3b) $\mathbf{|Q_2| = (n + 1) \times e}$

n Anzahl der Elementarladungen **e**, die die Ladung $\mathbf{Q_1}$ bilden

Aus Formel (3) wird Formel (3c):

(3c) $\mathbf{F_C = 1/(4 \times \pi \times \varepsilon) \times (n \times e \times (n + 1) \times e)/r^2 = n \times (n + 1) \times e^2 / (4 \times \pi \times \varepsilon \times r^2)}$

Formel (3c) beinhaltet alles Konstanten außer der Anzahl **n**. Die Coulombkraft $\mathbf{F_C}$ ist damit eine Funktion der Anzahl der Elementarladungen **n**. Die Veränderung der Coulombkraft $\mathbf{F_C}$ in Abhängigkeit von der Anzahl der Elementarladungen **n** wird durch die Ableitung der Formel (3c) nach **n** ausgedrückt:

$$\textbf{(3d)} \quad \mathbf{dF_C / dn = (1 \times (n+1) + n \times 1) \times e^2 / (4 \times \pi \times \varepsilon \times r^2)}$$
$$\mathbf{= (2 \times n + 1) \times e^2 / (4 \times \pi \times \varepsilon \times r^2)}$$

Die Coulombkraft, die zwischen zwei elektrischen Ladungen mit einer Elementarladung **e** Unterschied herrscht, berechnet sich somit nach der Formel:

$$\textbf{(3e)} \quad \mathbf{F_C = (dF_C / dn) \times \Delta n = ((2 \times n + 1) \times e^2 / (4 \times \pi \times \varepsilon \times r^2)) \times \Delta n}$$

Mit $\mathbf{n = 0}$ wird $\mathbf{n + 1 = 1}$ und $\mathbf{\Delta n = 1}$:

$$\textbf{(3f)} \quad \mathbf{F_C = e^2 / (4 \times \pi \times \varepsilon \times r^2)}$$

Mit $\mathbf{r = r_{elementar} = 3{,}79 \times 10^{-8}\,m}$ errechnet sich eine Mindest-Coulombkraft $\mathbf{F_{Cmin}}$, die vorhanden sein muss, um den Ladungsunterschied einer Elementarladung **e** auszugleichen, von:

$$\textbf{(3g)} \quad \mathbf{F_{Cmin} = (1{,}602176634 \times 10^{-19}\,As)^2 / (4 \times \pi \times 8{,}854 \times 10^{-12}\,As/}$$
$$\mathbf{Vm \times (3{,}79 \times 10^{-8}\,m)^2)}$$
$$\mathbf{= 1 \times 10^{-13}\,VAs/m}$$

Es bedarf der Mindest-Coulombkraft $\mathbf{F_{Cmin}}$,

$$\boxed{\mathbf{F_{Cmin} = 1 \times 10^{-13}\,VAs/m}}$$

um den Potenzialunterschied einer Elementarladung auszugleichen.

Verständnis, was eine Elementarladung sein könnte

Die Elementarladung ist ein Potenzialunterschied, der sich nicht ausgleicht, weil die Coulombkraft $\mathbf{F_{Cmin} = 1 \times 10^{-13} VAs/m}$ nicht ausreicht, um die Durchschlagfestigkeit des Vakuums $\mathbf{V_D = 20\,MV/m}$ bei einem Abstand $\mathbf{r_{elementar} = 3{,}79 \times 10^{-8}\,m}$ zu überwinden.

Ein solches Verständnis erklärt, warum es Elementarladungen nur ganz oder gar nicht gibt:

– Ist die Kraft groß genug, kommt es zu einem Potenzialausgleich und die Elementarladung löst sich auf.
– Ist die Kraft nicht groß genug, bleibt die Elementarladung erhalten.

2.2 Der Elementarladungsraum $R_{elementar}$

Gemäß dem in Abschnitt 2.1 entwickelten Verständnis ist eine Elementarladung ein elektrischer Potenzialunterschied. Elektrische Potenzialunterschiede lassen nicht nur Elementarladungen, sondern auch elektrische Felder entstehen. Die Formeln (1) und (1a) stellen den Zusammenhang zwischen einer elektrischen Punktladung **Q**, dem elektrischen Feld **E** und dem Abstand **r** von der Punktladung **Q** her. Die Formeln (1b) und (2) sind auf den Fall angewendet worden, dass $\mathbf{Q = e}$, eine Elementarladung, ist. Es errechnet sich ein Abstandswert von $\mathbf{r_{elementar} = 3{,}79 \times 10^{-8}\,m}$.

Der von $\mathbf{r_{elementar}}$ bestimmte Kugelraum für eine Elementarladung **e** ist der kleinstmögliche Raum, den eine Elementarladung um sich herum haben kann, ohne dass es zu Potenzialausgleichen, d. h. elektrischen Überschlägen, kommt. Bei Radien kleiner $\mathbf{r_{elementar}}$ kommt es zu solchen, weil die Durchschlagfestigkeit des Vakuums die unterschiedlichen Potenziale nicht mehr zu trennen vermag. Somit bestimmt die Durchschlagfestigkeit

$\mathbf{V_D}$ den minimalen Radius und damit den Raum um die Elementarladung herum. Dieser kleinste, von einer Elementarladung bestimmte Raum wird mit Elementarladungsraum $\mathbf{R_{elementar}}$ bezeichnet. Mit dem Radius $\mathbf{r_{elementar} = 3{,}79 \times 10^{-8\,m}}$ ergibt sich:

$$\textbf{Elementarladungsraum } \mathbf{R_{elementar}} = \mathbf{4/3 \times \pi \times r^3 = 4/3 \times \pi \times (3{,}79 \times 10^{-8})^3 = 1{,}59 \times 10^{-23}\,m^3}$$

3 Die elektromagnetische Welle, Analyse

3.1 Elektrische Überschläge

Allein aufgrund der Tatsache, dass es elektromagnetische Wellen gibt, lässt sich ableiten, dass es wellenintern unterschiedliche elektrische Potenziale gibt – eine elektromagnetische Welle mit konstantem Potenzial wäre keine elektromagnetische Welle. Ferner muss die Isolierfähigkeit zwischen den internen Potenzialunterschieden ausreichend hoch sein, damit es nicht zu internen elektrischen Entladungen kommt. In Grafik 2 werden zwei elektrische Potenziale betrachtet:

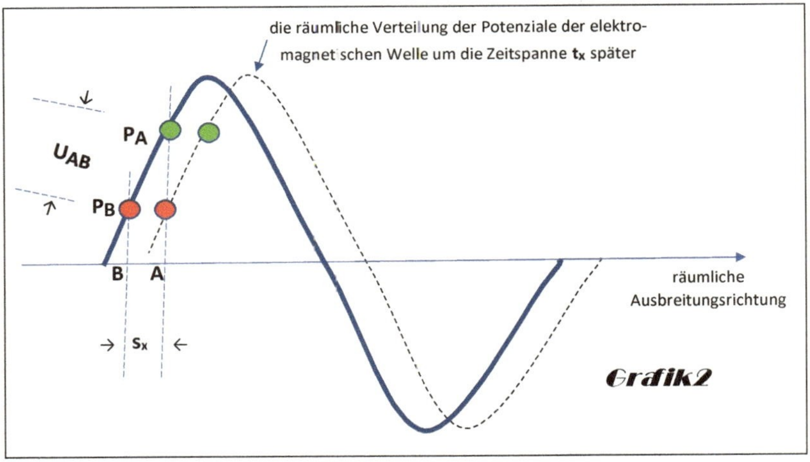

Die Beträge der Potenziale $\mathbf{P_A}$ und $\mathbf{P_B}$ sind unterschiedlich, weshalb eine elektrische Spannung $\mathbf{U_{AB} = P_A - P_B}$ besteht, die sich mit konstantem Abstand $\mathbf{s_x}$ durch den Raum bewegt. $\mathbf{P_B}$ erreicht den von $\mathbf{P_A}$ schon passierten Punkt **A** um die Zeit $\mathbf{t_x}$ später, die benötigt wird, um die Strecke $\mathbf{s_x = c \times t_x}$ zwischen den beiden Punkten **A** und **B** zurückzulegen (**c** ist die Lichtgeschwindigkeit).

Gedankenspiel 1

Die Amplitude bleibt gleich, die Frequenz steigt an. Was passiert? $\mathbf{s_x}$ wird kleiner. Irgendwann ist die Isolationsfähigkeit zwischen den beiden elektrischen Potenzialen $\mathbf{P_A}$ und $\mathbf{P_B}$ erschöpft und es kommt zu einem elektrischen Überschlag.

Gedankenspiel 2

Die Frequenz bleibt gleich, die Amplitude steigt an. Was passiert? Mit steigender Amplitude wird auch die Spannung $\mathbf{U_{AB} = P_A - P_B}$ größer. Irgendwann ist die Isolationsfähigkeit zwischen den beiden elektrischen Potenzialen $\mathbf{P_A}$ und $\mathbf{P_B}$ erschöpft und es kommt zu einem elektrischen Überschlag.

Ein elektrischer Überschlag bedeutet das Ende der elektrischen Spannung $\mathbf{U_{AB}}$, da sich die Potenziale $\mathbf{P_A}$ und $\mathbf{P_B}$ ausgleichen. Zwischen den räumlichen Punkten **A** und **B** existiert zwar keine elektrische Spannung und damit auch kein elektrisches Feld mehr, aber dennoch gibt es dort ein Potenzial, das Potenzial $\mathbf{P_{AB}}$, das sich aus den Potenzialen $\mathbf{P_A}$ und $\mathbf{P_B}$ bildet.

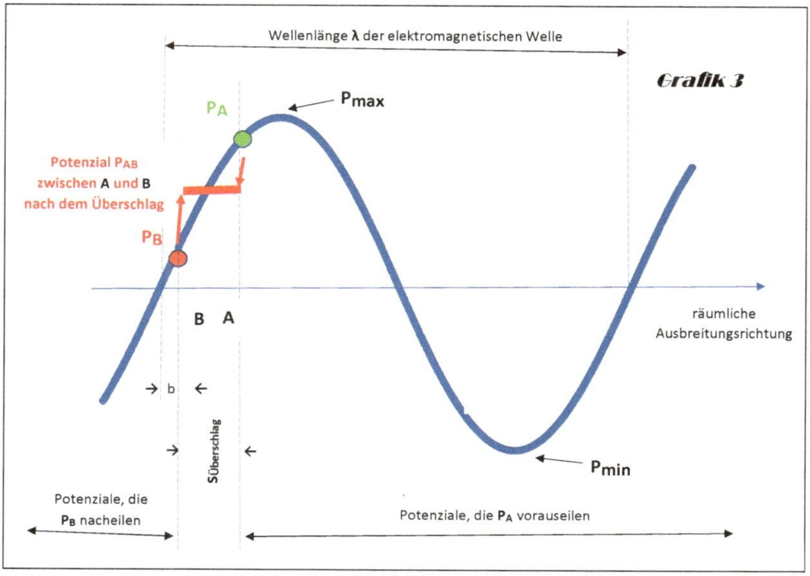

Die Formeln für die Potenziale $\mathbf{P_A}$ und $\mathbf{P_B}$ lauten:

(4a) $\mathbf{P_A = P_{max} \times sin(2\pi \times (b + s_{Überschlag}) / \lambda)}$ bzw.
(4b) $\mathbf{P_B = P_{max} \times sin(2\pi \times b / \lambda)}$

Zu einem elektrischen Überschlag kommt es, wenn über die Strecke $\mathbf{s_{Überschlag}}$ die Spannungsdifferenz $\mathbf{U_{AB}}$ zwischen $\mathbf{P_A}$ und $\mathbf{P_B}$ mindestens den Wert der Durchschlagfestigkeit $\mathbf{V_D}$ erreicht:

(4c) $\mathbf{V_D \times s_{Überschlag} = P_A - P_B = P_{max} \times sin(2\pi \times (b + s_{Überschlag}) / \lambda) - P_{max} \times sin(2\pi \times b / \lambda)}$

$\mathbf{V_D}$	Durchschlagfestigkeit des Vakuums; $\mathbf{V_D = 20\,kV/mm = 20\,MV/m}$
$\mathbf{P_{max}}$	maximales Potenzial
$\boldsymbol{\lambda}$	Wellenlänge der elektromagnetischen Welle
b	Abstand in Radiant des Raumpunkts **B** vom Nulldurchgang
$\mathbf{s_{Überschlag}}$	Abstand zwischen **A**, dem Raumpunkt mit dem Potenzial $\mathbf{P_A}$, und **B**, dem Raumpunkt mit dem Potenzial $\mathbf{P_B}$.

Die Sinuskurve ist im Nulldurchgang am steilsten. Wenn ein Überschlag passiert, dann am ehesten dort. Und: Positiver und negativer Bereich sind dort aufgrund der Symmetrie der Sinuskurve gleichermaßen beteiligt. Beides ($\mathbf{b = 0}$ und $\mathbf{s_{Überschlag}}$ liegen jeweils zur Hälfte im positiven bzw. negativen Bereich) vereinfacht Gleichung (4c):

(5) $\mathbf{V_D \times s_{Überschlag} = P_{max} \times sin(2\pi \times (+s_{Überschlag}/2) / \lambda_{Über.}) - P_{max} \times sin(2\pi\, (-s_{Überschlag}/2) / \lambda_{Über.})}$

Weil $\mathbf{sin(2\pi \times (+s_{Überschlag}/2) / \lambda_{Über.}) = - sin(2\pi \times (-s_{Überschlag}/2) / \lambda_{Über.})}$ ist, folgt:

(6) $\mathbf{V_D \times s_{Überschlag} = 2 \times P_{max} \times sin(\pi \times s_{Überschlag} / \lambda_{Über})}$

Formel (6) wird nach der Überschlags-Wellenlänge $\boldsymbol{\lambda}_{\text{Über}}$ umgestellt:

$$\textbf{(6a)}\quad \boldsymbol{\lambda}_{\textbf{Über.}} = (\boldsymbol{\pi} \times \mathbf{s}_{\textbf{Überschlag}}) \,/\, (\textbf{arcsin}\ (\mathbf{V}_{\mathbf{D}} \times \mathbf{s}_{\textbf{Überschlag}}) \,/\, (\mathbf{2} \times \mathbf{P}_{\mathbf{max}}))$$

Mit $\mathbf{f}_{\text{Über}} = \mathbf{c} / \boldsymbol{\lambda}_{\text{Über}}$, $\mathbf{f}_{\text{Über}}$ ist die Überschlags-Frequenz, **c** die Lichtgeschwindigkeit, ergibt sich:

$$\text{(7)}\quad \mathbf{f}_{\textbf{Über}} = (\mathbf{c} \,/\, (\boldsymbol{\pi} \times \mathbf{s}_{\textbf{Überschlag}})) \times \textbf{arcsin}(\mathbf{V}_{\mathbf{D}} \times \mathbf{s}_{\textbf{Überschlag}} \,/\, (\mathbf{2} \times \mathbf{P}_{\mathbf{max}}))$$

Wie in nachstehender Tabelle 1 gezeigt wird, erbringen die Formeln (6a) und (7) nachvollziehbare Ergebnisse. Ferner gibt es keine Einschränkungen für den Frequenz- bzw. Wellenlängenbereich. Damit wird die Überlegung als plausibel angesehen.

	VD [kV/mm]	$s_{Überschlag}$ [mm]	P_{max} [kV]	c (Lichtgeschwindigkeit) [mm/s]	$\lambda_{Über.} = \pi \times s_{über.} / \arcsin (V_D \times s_{über.} / (2 \times P_{max}))$ [mm]	$f_{Über.}$ [Hz]	Plausibilitätsbetrachtung
1	**20**	**3**	**200**	**3,00E+11**	**6,26E+01**	**4,79E+09**	**– Vergleichszustand –**
2	20	3	100	3,00E+11	3,09E+01	9,70E+09	Bei halbiertem Maximalpotenzial Pmax führt eine erhöhte Frequenz zu einem Überschlag ⇒ plausibel
3	20	3	50	3,00E+11	1,46E+01	2,05E+10	Bei weiter reduziertem Maximalpotenzial führt eine weiter erhöhte Frequenz zu einem Überschlag ⇒ plausibel
4	20	3	25	3,00E+11	#ZAHL!	#ZAHL!	Wird das Maximalpotenzial zu klein, kommt es nicht zu einem Überschlag ⇒ plausibel
5	20	3	400	3,00E+11	1,26E+02	2,39E+09	Bei doppeltem Maximalpotenzial führt schon eine niedrigere Frequenz zu einem Überschlag ⇒ plausibel

	VD [kV/mm]	$s_{Überschlag}$ [mm]	P_{max} [kV]	c (Lichtgeschwindigkeit) [mm/s]	$\lambda_{Über.} = \pi \times s_{über.} / \arcsin(V_D \times s_{über.} / (2 \times P_{max}))$ [mm]	$f_{Über.}$ [Hz]	Plausibilitätsbetrachtung
6	20	3	800	3,00E+11	2,51E+02	1,19E+09	Bei weiter erhöhtem Maximalpotenzial führt eine noch kleinere Frequenz zu einem Überschlag ⇒ plausibel
7	20	1,E-23	1,E-22	3,00E+11	2,00E-23	1,50E+34	Die Formeln (6a) und (7) lassen ein grenzenloses Frequenzspektrum zu.
8	20	1,E-23	1,E-11	3,00E+11	3,14E-12	9,55E+22	
9	20	1,E-23	1,E-06	3,00E+11	3,14E-07	9,55E+17	
10	20	1,E-23	1,E-03	3,00E+11	3,14E-04	9,55E+14	
11	20	1,E+01	1,E+02	3,00E+11	2,00E+01	1,50E+10	
12	20	1,E+01	1,E+24	3,00E+11	3,14E+23	9,55E-13	
13	20	1,E+01	1,E+40	3,00E+11	3,14E+39	9,55E-29	

Tabelle 1

3.2 Elektrischer Überschlag aufgrund von Beeinflussung einer elektromagnetischen Welle durch ein Störpotenzial $P_{Stö}$

Hinweis:

Die Richtung der Potenzialunterschiede in den Grafiken geht immer „von oben nach unten", also von – nach +. Die Aussage „sehr viel positiver als $\mathbf{P_B}$" ist so zu verstehen, dass das aus positiver Unendlichkeit kommende Störpotenzial $\mathbf{P_{Stö}}$ die Nulllinie bei weitem nicht erreicht, d. h., dass ein „sehr viel positiveres Störpotenzial $\mathbf{P_{Stö}}$ als $\mathbf{P_B}$" den Mittelwert der am Überschlag beteiligten Potenziale deutlich in Richtung positive Unendlichkeit („nach unten") zieht (also umgekehrte Lesart gegenüber einer Temperaturskala, bei der minus 1 Grad Celsius kleiner ist als plus 1 Grad

Celsius und minus 273 Grad Celsius die sehr viel kleinere Temperatur ist, deren Betrag jedoch höher ist).

In nachstehender Grafik 4 werden zwei elektrische Potenziale betrachtet. Zum einen ein Potenzial der originären elektromagnetischen Welle, die von einem Potenzial $\mathbf{P}_{Stö}$ gestört wird. Durch den Überschlag verändern sich die Potenziale der originären elektromagnetischen Welle. Die Potenziale $\mathbf{P}_A$ und $\mathbf{P}_B$ gleichen sich aus und nehmen einen Mittelwert an, in den auch das Störpotenzial $\mathbf{P}_{Stö}$ einfließt.

In Tabelle 2 zu Grafik 4 sind 28 Fallunterscheidungen aufgelistet, die sich dadurch unterscheiden, dass $\mathbf{P}_{Stö}$

- besonders stark ist (Fälle 1 bis 7),
- betragsmäßig etwas positiver als der Teil von $\mathbf{P}_A$ oberhalb der Nulllinie (Fälle 8 bis 14) ist,
- betragsmäßig etwas positiver als der Teil von $\mathbf{P}_B$ oberhalb der Nulllinie (Fälle 15 bis 21) ist oder
- betragsmäßig sehr viel positiver als $\mathbf{P}_B$ (Fälle 22 bis 28) ist.

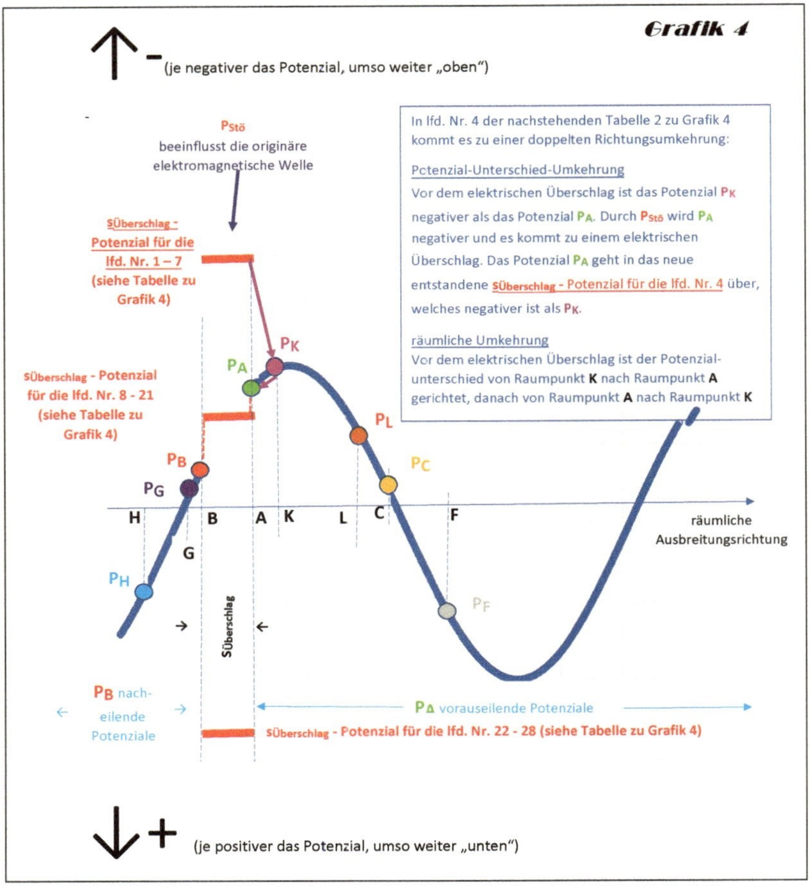
Grafik 4
– (je negativer das Potenzial, umso weiter „oben“)
$P_{Stö}$ beeinflusst die originäre elektromagnetische Welle
$S_{Überschlag}$ - Potenzial für die lfd. Nr. 1 – 7 (siehe Tabelle zu Grafik 4)
$S_{Überschlag}$ - Potenzial für die lfd. Nr. 8 - 21 (siehe Tabelle zu Grafik 4)
In lfd. Nr. 4 der nachstehenden Tabelle 2 zu Grafik 4 kommt es zu einer doppelten Richtungsumkehrung:
Potenzial-Unterschied-Umkehrung
Vor dem elektrischen Überschlag ist das Potenzial P_K negativer als das Potenzial P_A. Durch $P_{Stö}$ wird P_A negativer und es kommt zu einem elektrischen Überschlag. Das Potenzial P_A geht in das neue entstandene $S_{Überschlag}$ - Potenzial für die lfd. Nr. 4 über, welches negativer ist als P_K.
räumliche Umkehrung
Vor dem elektrischen Überschlag ist der Potenzial-unterschied von Raumpunkt **K** nach Raumpunkt **A** gerichtet, danach von Raumpunkt **A** nach Raumpunkt **K**
P_K
P_A
P_L
P_B
P_C
P_G
H
B
A
K
L
C
F
G
räumliche Ausbreitungsrichtung
P_H
P_F
$S_{Überschlag}$
P_B nach-eilende Potenziale
P_A vorauseilende Potenziale
$S_{Überschlag}$ - Potenzial für die lfd. Nr. 22 - 28 (siehe Tabelle zu Grafik 4)
+ (je positiver das Potenzial, umso weiter „unten“)

	$P_{Stö}$ beeinflusst so, dass	Das Potenzial des feldhomogenen Bereichs $s_{Überschlag}$ ist	Änderungen aufgrund des elektrischen Überschlags zwischen	bzgl. Potenzial-Unterschied hinsichtlich Betrag und Richtungsumkehrung	bzgl. räumlicher Umkehrung
1	$Ps_{Überschlag}$ mit P_A (neu) sehr viel negativer ist als P_A (alt)	negativer als P_A (alt)	P_H und P_A	steigt; keine Umkehrung	keine Umkehrung
2			P_G und P_A	"	"
3			P_B und P_A	Neutralität zwischen P_A und P_B	
4			P_K und P_A	Umkehrung	Umkehrung
5			P_L und P_A	steigt; keine Umkehrung	keine Umkehrung
6			P_C und P_A	"	"
7			P_F und P_A	"	"
8	$Ps_{Überschlag}$ mit P_A (neu) positiver ist als P_A (alt)	größer als P_B (alt) und kleiner als P_A (alt)	P_H und P_A	sinkt; keine Umkehrung	keine Umkehrung
9			P_G und P_A	"	"
10			P_B und P_A	Neutralität zwischen P_A und P_B	
11			P_K und P_A	steigt; keine Umkehrung	keine Umkehrung
12			P_L und P_A	sinkt; keine Umkehrung	"
13			P_C und P_A	"	"
14			P_F und P_A	"	"
15	$Ps_{Überschlag}$ mit P_B (neu) negativer ist als P_B (alt)	negativer als P_B (alt) und positiver als P_A (alt)	P_H und P_B	steigt; keine Umkehrung	keine Umkehrung
16			P_G und P_B	"	"
17			P_A und P_B	Neutralität zwischen P_A und P_B	
18			P_K und P_B	sinkt; keine Umkehrung	keine Umkehrung
19			P_L und P_B	Umkehrung	Umkehrung
20			P_C und P_B	steigt; keine Umkehrung	keine Umkehrung
21			P_F und P_B	"	"
22	$Ps_{Überschlag}$ mit P_B (neu) sehr viel positiver ist als P_B (alt)	positiver als P_B (alt)	P_H und P_B	Umkehrung	Umkehrung
23			P_G und P_B	"	"
24			P_A und P_B	Neutralität zwischen P_A und P_B	
25			P_K und P_B	keine Umkehrung	keine Umkehrung
26			P_L und P_B	"	"
27			P_C und P_B	Umkehrung	Umkehrung
28			P_F und P_B	"	"

Tabelle 2 zu Graphik 4

Nach dem elektrischen Überschlag haben sich die Potenzialunterschiede geändert. Und im Fall 4 der Tabelle 2 zu Grafik 4 kommt es sogar zu zwei Richtungsumkehrungen. Vor dem elektrischen Überschlag existiert eine Spannungsdifferenz, die von $\mathbf{P_K}$ nach $\mathbf{P_A}$ gerichtet ist, danach gibt es eine Spannungsdifferenz von dem Überschlagspotenzial $\mathbf{Ps_{Überschlag}}$, das nun auch das Potenzial von $\mathbf{P_A}$ ist, nach $\mathbf{P_K}$. Dabei hat sich auch die räumliche Orientierung umgekehrt: von Raumpunkt **K** zu Raumpunkt **A** vor und von Raumpunkt **A** zu Raumpunkt **K** nach dem elektrischen Überschlag.

Der hier betrachtete elektrische Überschlag findet zwischen den Raumpunkten **A** und **B** statt. Das heißt aber nicht, dass es an anderen Stellen nicht auch zu Überschlägen kommen kann. Z. B. erhöht der erste Überschlag zwischen den Raumpunkten **A** und **B** die Wahrscheinlichkeit eines zweiten Überschlags zwischen den Raumpunkten **A** und **K** (lfd. Nr. 4 der Tabelle 2 zu Grafik 4) dadurch, dass aufgrund des ersten Überschlags der Potenzialunterschied zwischen den Raumpunkten **A** und **K** gestiegen ist. Da sich die unterschiedlichen Potenziale des ersten Überschlagbereichs $\mathbf{s}_{\text{Überschlag}}$ zwischen den Raumpunkten **A** und **B** und des zweiten Überschlagbereichs $\mathbf{s}_{\text{Überschlag 2}}$ zwischen den Raumpunkten **A** und **K** ausgleichen wollen, kommt es zu weiteren Potenzialausgleichen.

Eine Potenzialdifferenz $\mathbf{P}_{L}$ minus $\mathbf{P}_{B}$ gibt es zwischen den Raumpunkten **L** und **B**. Diese ist der Ausbreitungsrichtung entgegengesetzt, während die Potenzialdifferenz $\mathbf{P}_{L}$ minus $\mathbf{P}_{F}$ zwischen den Raumpunkten **L** und **F** in Ausbreitungsrichtung verläuft. Die unterschiedlich ausgerichteten Spannungen haben in einer sich kontinuierlich ausbreitenden elektromagnetischen Welle deshalb keine Konsequenzen, weil sich alle Potenziale und somit auch alle Spannungsdifferenzen mit gleicher Geschwindigkeit in die gleiche Richtung bewegen.

Das elektrische Störpotenzial $\mathbf{P}_{\text{Stö}}$ stört die kontinuierliche Ausbreitung der originären elektromagnetischen Welle. Zum einen lässt der elektrische Überschlag mit dem daraus entstehenden Überschlagsbereich die originäre elektromagnetische Welle abbrechen und zum anderen nachfolgende Potenziale auf den neu entstandenen Überschlagsbereich auflaufen. Auf die zeitlich und räumlich vorgelagerten Potenzialpunkte, die dem Überschlagsbereich $\mathbf{s}_{\text{Überschlag}}$ entrinnen konnten, wirken rückwärtsbezogen andere elektrische Potenzialverhältnisse als vorher.

Es wird angenommen, dass das Störpotenzial $\mathbf{P}_{\text{Stö}}$ das Potenzial $\mathbf{P}_{A}$ im Raumpunkt **A** betragsmäßig erhöht *(da die Potenzialdifferenz betrachtet wird, können die physikalisch richtigen Vorzeichen der Potenziale unberücksichtigt bleiben)*. Voraussetzung für einen elektrischen Überschlag ist, dass die entstehende Potenzialdifferenz größer ist als das Produkt aus Durchschlagfestigkeit $\mathbf{V}_{D}$ multipliziert mit der Überschlagsstrecke $\mathbf{s}_{\text{Überschlag}}$:

$$(8) \quad \mathbf{P_{Stö} + P_{max} \times \sin(2\pi \times (b + s_{Überschlag})/\lambda) - P_{max} \times \sin(2\pi \times b/\lambda) > V_D \times s_{Überschlag}}$$

Der räumliche Nullpunkt ist frei wählbar und wird so festgelegt, dass **b = 0** ist:

$$(8a) \quad \mathbf{P_{Stö} + P_{max} \times \sin(2\pi \times s_{Überschlag}/\lambda) > V_D \times s_{Überschlag}}$$

bzw.

$$(8b) \quad \mathbf{P_{Stö} > V_D \times s_{Überschlag} - P_{max} \times \sin(2\pi \times s_{Überschlag}/\lambda)}$$

Die Beispiele in nachstehender Tabelle 3 zeigen, dass Formel (8b) nachvollziehbare Ergebnisse ergibt.

	V_D [kV/mm]	$s_{Überschlag}$ [mm]	P_{max} [kV]	λ [mm]	f [Hz]	$P_{Stö}$ gemäß Formel (8b) [kV]	**Plausibilitätsbetrachtung**
1	20	3	200	**7,26E+01**	**4,13E+09**	**8,65**	**Die Wellenlänge λ ist größer als die Überschlags-Wellenlänge $\lambda_{Über.}$ (siehe Tabelle 1). Zu einem Überschlag kommt es deshalb erst, wenn $P_{Stö}$ größer als 8,65 kV ist. ⇒ plausibel**
2	20	3	100	**7,26E+01**	**4,13E+09**	34,33	**Pmax** ist halbiert worden. Nun bedarf es bei gleicher Frequenz eines höheren Störpotenzials. ⇒ plausibel
3	20	3	50	**7,26E+01**	**4,13E+09**	47,16	**Pmax** ist nochmals halbiert worden. Nun bedarf es bei gleicher Frequenz eines noch höheren Störpotenzials. ⇒ plausibel
4	20	3	25	**7,26E+01**	**4,13E+09**	53,58	Eine weitere Reduzierung von $\mathbf{P_{max}}$ wird durch weitere Erhöhung von $\mathbf{P_{Stö}}$ kompensiert ⇒ plausibel
5	20	3	233,69	**7,26E+01**	**4,13E+09**	0,00000	λ ist gleich $\lambda_{Über.}$; für einen Überschlag bedarf es keines Störpotenzials ⇒ plausibel

	V_D [kV/mm]	$s_{Überschlag}$ [mm]	P_{max} [kV]	λ [mm]	f [Hz]	$P_{Stö}$ gemäß Formel (8b) [kV]	**Plausibilitätsbetrachtung**
6	20	3	800	**7,26E+01**	**4,13E+09**	–145,40	Ein $P_{Stö}$ von **–146 kV** reicht für einen Überschlag nicht aus; es müssen schon mindestens **–145,4 kV** oder mehr sein (Thermometer-Logik) ⇒ plausibel
7	20	1,E-23	1,E-22	**7,26E+01**	**4,13E+09**	kein $P_{Stö}$ erforderlich	Siehe lfd. Nr. 7–10 in Tabelle 1: Es kommt auch ohne $P_{Stö}$ schon zu Überschlägen; ⇒ plausibel
8	20	1,E-23	1,E-11	**7,26E+01**	**4,13E+09**		
9	20	1,E-23	1,E-06	**7,26E+01**	**4,13E+09**		
10	20	1,E-23	1,E-03	**7,26E+01**	**4,13E+09**		
11	20	1,E+01	1,E+02	**7,26E+01**	**4,13E+09**	1,24E+02	**λ** ist größer als $\lambda_{Über.}$ (siehe lfd. Nr. 11 in Tabelle 1); daher bedarf es für einen Überschlag eines Störpotenzials ⇒ plausibel
12	20	1,E+01	1,E+24	**7,26E+01**	**4,13E+09**	-7,61E+23	Siehe lfd. Nr. 6
13	20	1,E+01	1,E+40	**7,26E+01**	**4,13E+09**	-7,61E+39	

Tabelle 3

Sind Amplitude und Frequenz einer betrachteten elektromagnetischen Welle bekannt und kann darüber hinaus das Störpotenzial gemessen werden, so kann mithilfe der Formel (8b) die Überschlagsstrecke $\mathbf{s}_{\text{Überschlag}}$ iterativ berechnet werden. Oder umgekehrt: Werden Amplitude, Störpotenzial und Überschlagsstrecke $\mathbf{s}_{\text{Überschlag}}$ gemessen, kann die Wellenlänge und damit die Frequenz der beeinflussten elektromagnetischen Welle errechnet werden.

3.3 Die Errechnung einer Masse

Der räumliche Abstand zwischen den betrachteten Punkten **A** und **B** in Grafik 4 hat den Wert $\mathbf{s}_{\text{Überschlag}}$ und ist messbar. Ebenso messbar ist die Dauer **t** des elektrischen Überschlags. Damit ist eine Beschleunigung **a** errechenbar:

(9) $\mathbf{a = 2 \times s_{Überschlag} / t^2}$

Die elektrische Feldstärke **E** ist definiert als Kraft **F** pro Ladung **Q**:

(10) $\mathbf{E = F / Q}$ $\Rightarrow$ (10a) $\mathbf{F = E \times Q}$

E	elektrische Feldstärke	physikalische Einheit: V/m bzw. $kgm/s^2 \times 1/As$
F	Kraft	physikalische Einheit: kgm/s^2 bzw. VAs/m
Q	elektrische Ladung	physikalische Einheit: As

Die Kraft **F** wiederum ist definiert als Masse **M** mal Beschleunigung **a**:

(11) $\mathbf{F = M \times a}$ $\Rightarrow$ (11a) $\mathbf{M = F / a = E \times Q / a}$

M	Masse	physikalische Einheit: kg
a	Beschleunigung	physikalische Einheit: m/s^2

In Formel (11a) wird Formel (9) für die Beschleunigung **a** und Formel (11a) für die Kraft **F** eingesetzt. Es ergibt sich Formel (12):

(12) $\mathbf{M = E \times Q / a = E \times Q \times t^2 / (2 \times s_{Überschlag})}$
$[kgm/s^2 \times 1/As \times As \times s^2 / m = kg]$

Somit kann nach Formel (12) eine Masse **M** errechnet werden, wenn das elektrische Feld **E** vor, die fließende elektrische Ladung **Q** während, die räumliche Länge $\mathbf{s_{Überschlag}}$ und die Dauer **t** des elektrischen Überschlags gemessen werden.

3.4 Die kleinste Masse $M_{elementar}$

Es kommt die Formel (12) zur Anwendung:

(12) $\mathbf{M = E \times Q / a = E \times Q \times t^2 / (2 \times s_{Überschlag})}$

M	Masse in kg
E	elektrisches Feld; hier: $\mathbf{E = V_D = 20\,kV/mm = 20\,MV/m}$
Q	elektrische Ladung; hier: $\mathbf{Q = e = 1{,}602176634 \times 10^{-19}\,As}$
$\mathbf{s_{Überschlag}}$	Abstand zwischen den von der elektrischen Entladung betroffenen Potenzialen
t	Zeitdauer vom Beginn des elektrischen Überschlags bis zur Massebildung

In Abschnitt 2.1 ist der Abstand $\mathbf{r_{elementar} = 3{,}79 \times 10^{-8}\,m}$ berechnet worden, der unterboten werden muss, damit es zur kleinsten elektrischen Entladung kommt. $\mathbf{r_{elementar}}$ ist identisch mit $\mathbf{s_{Überschlag}}$ in Formel (12), wenn der Fall vorliegt, dass der elektrische Überschlag zwischen zwei Potenzialen mit einem Ladungsunterschied von einer Elementarladung erfolgt.

Elektromagnetische Wellen bewegen sich bis zum Beginn des elektrischen Überschlags mit Lichtgeschwindigkeit $\mathbf{c = 3 \times 10^8\,m/s}$ fort. Die nach dem elektrischen Überschlag gebildete Masse ist deutlich langsamer, es wird eine Geschwindigkeit von **0 m/s** unterstellt. Ferner wird von einem kontinuierlichen „Bremsvorgang" der Lichtgeschwindigkeit **c** auf **0 m/s** ausgegangen, d. h., es wird mit durchschnittlich halber Lichtgeschwindigkeit **c/2** gerechnet. Wie lange braucht die halbe Lichtgeschwindigkeit für die Strecke $\mathbf{s_{Überschlag} = r_{elementar} = 3{,}79 \times 10^{-8}\,m}$, auf der sich neue Masse bildet?

(13) **Zeit = Wegstrecke durch Geschwindigkeit; hier:**

$\mathbf{t = 2 \times r_{elementar} / c}$

$t = 2 \times 3{,}79 \times 10^{-8}\,m / 3 \times 10^{8}\,m/s = 2{,}5 \times 10^{-16}\,s$

Mit $\mathbf{E} = \mathbf{V_D}$ und $\mathbf{Q} = \mathbf{e}$ errechnet sich die kleinste durch elektrische Entladung entstehende Masse $\mathbf{M_{elementar}}$:

(14) $$\mathbf{M_{elementar}} = \mathbf{V_D} \times \mathbf{e} \times \mathbf{t^2} / (\mathbf{2} \times \mathbf{r_{elementar}})$$

$$= 20 \times 10^6\,\mathrm{V/m} \times 1{,}602176634 \times 10^{-19}\,\mathrm{As} \times (2{,}5 \times 10^{-16}\,\mathrm{s})^2 / (2 \times 3{,}79 \times 10^{-8}\,\mathrm{m}) =$$
$$= 2{,}6 \times 10^{-36} \times \mathrm{V/m} \times \mathrm{As} \times \mathrm{s}^2 / \mathrm{m} = 2{,}6 \times 10^{-36} \times \mathrm{VAs/m} \times \mathrm{s}^2 / \mathrm{m}$$

mit $\mathrm{VAs/m} = \mathrm{kgm/s^2}$ folgt: $M = 2{,}6 \times 10^{-36} \times \mathrm{kgm/s^2} \times \mathrm{s^2} / \mathrm{m}$ $= 2{,}6 \times 10^{-36} \times \mathrm{kg}$

Es errechnet sich eine Masse $\mathbf{M_{elementar}}$ von

$$\mathbf{M_{elementar} = 2{,}6 \times 10^{-36}\,kg}$$

3.5 Die Energiemenge $N_{Energieminimal}$

Die vorstehend errechnete Masse $\mathbf{M_{elementar} = 2{,}6 \times 10^{-36}\,kg}$ wird in die Einsteinformel $\mathbf{N = M_{elementar} \times c^2}$ eingesetzt (**N** steht für Energie; **E** wird nicht verwendet, um einer Verwechslung mit der elektrischen Feldstärke vorzubeugen). Es errechnet sich eine Energiemenge $\mathbf{N_{Energieminimal}}$ von

$$\mathbf{N_{Energieminimal} = 2{,}6 \times 10^{-36} \times kg \times (30 \times 10^7 \times m/s)^2}$$
$$\mathbf{= 23{,}4 \times 10^{-22}\,kgm^2/s^2 = 23{,}4 \times 10^{-22}\,VAs}$$

Die Energiemenge $\mathbf{N_{Energieminimal}}$ ist die Energiemenge, die gemäß der Einsteinformel in der kleinstmöglichen Masse $\mathbf{M_{elementar}}$ gebunden ist.

4 Die Langlebigkeit und der Magnetismus elektromagnetischer Wellen

Die kosmische Hintergrundstrahlung aus der Zeit des Urknalls gibt es immer noch. Eine derartige Langlebigkeit setzt energetische Unabhängigkeit voraus. Denn wäre die elektromagnetische Welle von einer externen Energiezufuhr abhängig, dann hörte die elektromagnetische Welle auf, zu existieren, wenn eine solche ausbliebe. Zudem müsste die Energiezufuhr phasengenau erfolgen. Eine derartige externe Energiezufuhr ist kaum vorstellbar. Bei Energieabgabe ist das Ende der elektromagnetischen Welle offensichtlich. Die Langlebigkeit elektromagnetischer Wellen lässt sich am ehesten erklären, wenn Energie weder hinzukommt noch abgegeben wird. Die Sinuskurve einer elektromagnetischen Welle signalisiert jedoch alles andere als Energiekonstanz. Z. B. besitzen die Raumpunkte **H**, **G**, **B**, **A**, **K**, **L**, **C** und **F** in Grafik 4 alle jeweils andere Potenziale. Damit ist die zwischen zwei Raumpunktpaaren gespeicherte elektrostatische Energie i. d. R. eher unterschiedlich als gleich. Von woher kommen und wohin gehen die Energien, die den Unterschied der elektrostatischen Energien ausmachen?

Eine Erklärung wäre, dass es zu einem ständigen Energieaustausch zwischen der flächigen x-y-Schwingungsebene und dem rechtwinkligen x-y-z-Koordinatenraum, ab jetzt x-y-z-Schwingungsraum genannt, kommt. In der Phase $\mathbf{P}_{max}$ zu $\mathbf{P}_{min}$ verlässt Energie die flächige x-y-Schwingungsebene und wechselt in den x-y-z-Schwingungsraum. In der Phase $\mathbf{P}_{min}$ zu $\mathbf{P}_{max}$ kehrt die Energie von dort in die x-y-Schwingungsebene zurück.

Der x-y-z-Schwingungsraum ist das Reich des Magnetismus und der Magnetfeldlinien. Das Verständnis, dass Magnetfelder quellenfrei sind, wird nicht geteilt. Im Gegenteil: Es wird behauptet, dass jede Magnetfeldlinie einen Anfang in einem Raumpunkt der x-y-Schwingungsebene und das Ende in einem anderen Raumpunkt der x-y-Schwingungsebene hat.

Die Verbindungslinie zwischen zwei Raumpunkten der x-y-Schwingungsebene über den x-y-z-Schwingungsraum wird „Elementarmagnetfeldlinie“ genannt. Die Elementarmagnetfeldlinie ist der räumliche Weg, den eine Elementarladung nimmt, um den Potenzialunterschied zweier x-y-Raumpunkte auszugleichen (siehe hierzu Abschnitt 5.5.1). Magnetfelder und bewegte elektrische Ladungen (= elektrischer Strom) werden als die zwei Seiten der kinetischen elektrischen Energie-Medaille betrachtet (die beiden Seiten der elektrostatischen Energie-Medaille heißen elektrische Spannung und elektrisches Feld). Nur deshalb kann von Quellenfreiheit bei Magnetfeldern gesprochen werden, weil die Vielzahl aller Elementarmagnetfeldlinien die Anfänge und Enden einzelner Elementarmagnetfeldlinien überdeckt.

Elektrische Potenzialunterschiede wollen sich ausgleichen: Das geschieht durch Wanderbewegung von Elementarladungen. Innerhalb von elektromagnetischen Wellen ist der direkte Weg für den Potenzialausgleich (in dieser Abhandlung die x-Achse) durch die Durchschlagfestigkeit versperrt. Also wird ein Umweg gegangen – wie in herkömmlichen elektrischen Schaltungen. Der Umweg beginnt und endet in der x-y-Schwingungsebene, dazwischen liegt der x-y-z-Schwingungsraum. Dies erklärt, warum sich Magnetfelder in den x-y-z-Schwingungsraum ausdehnen und elektrische Ströme Magnetfelder erzeugen. Warum ist der Weg über den x-y-z-Schwingungsraum möglich, während der direkte Weg in der x-y-Schwingungsebene versperrt ist? Weil der Querschnitt des x-y-z-Schwingungsraums unendlich und der der x-y-Schwingungsebene null ist. Damit ist der spezifische Widerstand des Raums nahezu null und der der Schwingungsebene nahezu unendlich.

Jede Elementarladung ist mit der Energiemenge $\mathbf{N}_{\mathbf{Energieminimal}}$ (siehe Abschnitt 3.5) behaftet. Damit verändert jede sich bewegende Elementarladung die auf dem Weg liegenden Energiedichteverhältnisse: Beim Eintreten einer Elementarladung in einen Energiedichteraum wird dessen Energieinhalt erhöht und beim Verlassen sinkt dieser wieder. Der auslösende, wenn auch sich zeitlich verändernde elektrische Potenzialunterschied ist so lange vorhanden, bis die Elementarladung am Ziel angekommen ist. Es gibt die Nullsummenregel für Energie. Die Elementarladung hat den Anfangraumpunkt in der x-y-Schwingungsebene verlassen, den Zielraumpunkt, ebenfalls in der x-y-Schwingungsebene liegend, aber noch nicht erreicht: Vom Anfangraumpunkt ist Energie abzuziehen, diese dem Zielraumpunkt aber noch nicht hinzuzurechnen. Der Energieerhaltungssatz kann nur eingehalten werden, wenn diese Energiemenge als Bewegungsenergie mit berücksichtigt wird. Der Elementarladung ist die physikalische Einheit **As** zugewiesen, dem magnetischen Fluss die physikalische Einheit **Vs**. Die Elementarmagnetfeldlinie hat als Bestandteil des magnetischen Flusses ebenfalls die Einheit **Vs**. Wird Bewegung als Veränderung in der Zeit verstanden, ergibt das auf die Zeit (**s**) bezogene Produkt aus Elementarmagnetfeldlinie (**Vs**) mal Elementarladung (**As**) Energie (**VAs**). Diese Energie, die sich außerhalb der x-y-Schwingungsebene bewegt, das ist: **magnetische Energie**. Im Folgenden wird magnetische Energie auch als elektrokinetische Energie bezeichnet, um a) die Denkweise zu fördern, dass magnetische Energie nichts anderes ist als eine Form der elektrischen Energie, aber auch, um b) den Gegensatz zur elektrostatischen Energie hervorzuheben.

Die vorstehenden Überlegungen stehen nicht im Widerspruch zu Durchflutungs- und Induktionsgesetz, da diese als Beschreibungen des Schwarmverhaltens von Elementarladungen aufgefasst werden können. Eine Elementarmagnetfeldlinie dagegen bezieht sich auf eine einzelne Elementarladung. Die Idee der Elementarmagnetfeldlinie ist als Ergänzung bewährter physikalischer Gesetze zu verstehen.

5 Theorie der elektromagnetischen Wellen

5.1 Eigenschaften eines Schwarms

Im letzten Absatz von Abschnitt 4 wird vom „Schwarmverhalten von Elementarladungen“ gesprochen. Unter „Schwarmverhalten“ wird verstanden, wo sich ein Schwarm wann befindet und wie sich dieser verhält. Der Heringsschwarm bleibt zusammen, selbst bei einem Angriff von einem Raubfisch. Es kommt nicht zu einer Auflösung in einzelne Fische, sodass gesagt werden kann: Wo kein Hering ist, weder zeitlich noch räumlich, da ist auch kein Heringsschwarm. D. h., ein (Herings-)Schwarm ist von seiner Umgebung abgrenzbar. Da in einem Schwarm an einer Stelle mehr Heringe als an einer anderen Stelle schwimmen, ist die Heringsdichte nicht konstant. Bei einem Raubfischangriff ändert der Schwarm die Richtung. Bei Richtungsänderungen kommt es zu Heringsdichteveränderungen.

Der Abhandlung liegt die Vorstellung zugrunde, dass elektromagnetische Wellen nichts anderes sind als das sich periodisch wiederholende Schwarmverhalten von Ansammlungen von Elementarladungen. Wenn eine elektromagnetische Welle ein Schwarm ist, dann muss es Außengrenzen geben.

5.2 Die These von dem Nichts

Was bedeutet es, wenn keine Elementarladung vorhanden ist? Ein Vergleich mit einem die Erde umkreisenden Satelliten soll Aufschluss bringen.

Der Satellit befindet sich in dem Umlaufbahnpunkt **A.** Der Punkt **A** hat potenzielle Energie, die sich aus dem Produkt **Abstand zur Erde** mal **Satellitenmasse** mal **Erdbeschleunigungskonstante** errechnet. **B** ist ein anderer Punkt der Satellitenumlaufbahn, an dem der Satellit gerade nicht ist. **B** weist keine potenzielle Energie auf. Warum nicht? Weil potenzielle Energie das Ergebnis eines Produktes ist. Der Abstand von **A** und **B** zur Erde ist in etwa gleich, die Erdbeschleunigung sowieso, aber der Faktor **Satellitenmasse** ist einmal vorhanden und einmal nicht.

(Dennoch ist **B** nicht immer masse- und energielos. Der durchschnittliche Energiewert in **B** beträgt pro Umlauf $M_{Sat} \times g \times r \times L_{Sat}/2\pi r$, M_{Sat} für Satellitenmasse, g für Erdbeschleunigung, L_{Sat} für Satellitenlänge, r für Abstand zur Erde; der potenzielle Energiemaximalwert in **B** beträgt wie in **A** $M_{Sat} \times g \times r$. Die Wahrscheinlichkeit, dass sich zu einem Zeitpunkt in **B** der Energiemaximalwert befindet ist $L_{Sat}/2\pi r$.)

Ein Punkt der Umlaufbahn besitzt nur dann potenzielle Energie, wenn dort Masse vorhanden ist. Genauso hat ein Punkt nur dann elektrostatische Energie, wenn sich in ihm eine elektrische Ladung befindet und in einem Abstand eine weitere elektrische Ladung vorhanden ist.

Elektrische Spannung ist ein mathematisches Produkt aus elektrischem Feld und Abstand. Mathematisch handelt es sich um einen Term wie das Produkt aus Erdbeschleunigung und Abstand. Die physikalischen Einheiten sind andere, haben jedoch jeweils mit einem zusätzlichen weiteren Faktor (einmal eine zweite elektrische Ladung, einmal die Masse des Satelliten) Energie zum Ergebnis: Ein Raum ohne zwei elektrische Ladungen mit Abstand ist genauso energieleer wie ein Raum ohne zwei Massen mit Abstand.

Die These von dem Nichts verändert die physikalischen Gesetze nicht. Aber nunmehr können Außengrenzen definiert werden. Diese sind dort, wo sich die letzte bzw. keine Elementarladung und/oder das letzte bzw. kein Materieteilchen mehr befindet.

5.3 Elektrostatische Energie

5.3.1 „Elektrische Ladung mal Geometrie“

Salopp formuliert wird elektrostatische Energie verstanden als **elektrische Ladung mal Geometrie**. Es folgt ein Vergleich mit der statischen potenziellen Energie $\mathbf{N_{pot}}$:

(15) $\mathbf{N_{pot} = M_2 \times g \times h}$

$\mathbf{N_{pot}}$	statische potenzielle Energie	$[\mathbf{kgm^2/s^2}]$
$\mathbf{M_2}$	im Abstand **h** über der Erde befindliche zweite Masse	$[\mathbf{kg}]$
g	Erdbeschleunigung	$[\mathbf{m/s^2}]$
h	Abstand der Masse $\mathbf{M_2}$ von der Erde (= erste Masse)	$[\mathbf{m}]$

Statische potenzielle Energie ist an drei Voraussetzungen geknüpft:
- Es muss eine Erstmasse $\mathbf{M_1}$ geben (Voraussetzung 1; oftmals ist $\mathbf{M_1}$ die Erdmasse),
- es muss eine Zweitmasse $\mathbf{M_2}$ geben (Voraussetzung 3; z. B. die Masse eines Satelliten),
- Erst- und Zweitmasse müssen einen Abstand **h** voneinander haben (Voraussetzung 2).

Die Erstmasse $\mathbf{M_1}$ „versteckt sich“ in Formel (15) hinter der physikalischen Konstante Erdbeschleunigung **g**. Formel (15) kann verbal wie folgt formuliert werden:

(15a) **statische potenzielle Energie = physikalische Konstante × Zweitmasse $\mathbf{M_2}$ × Geometriewert h**

oder salopp verkürzt – die physikalische Konstante Erdbeschleunigung **g** bleibt unerwähnt –:

(15b) statische potenzielle Energie ist ein Produkt aus (Zweit-) Masse mal Geometriewert

Elektrostatische Energie wird entsprechend betrachtet. Gemäß Formel (1), siehe Abschnitt 2.1, erzeugt eine elektrische Punktladung ein elektrisches Feld. Das elektrische Feld gibt es also deshalb, weil es eine erste elektrische Ladung $\mathbf{Q_1}$ gibt (Voraussetzung 1). Der Betrag der elektrischen Feldstärke **E** ist vom Abstand **r** des Raumpunkts zur Ladung $\mathbf{Q_1}$ abhängig: Es gibt also einen Abstand **r** (Voraussetzung 2). Gibt es dann noch eine zweite elektrische Ladung $\mathbf{Q_2}$ (Voraussetzung 3), dann sind die Voraussetzungen für elektrostatische Energie $\mathbf{N_{elektrostat}}$ gegeben:

(16) $\mathbf{N_{elektrostat} = Q_2 \times E \times r}$

$\mathbf{N_{elektrostat}}$	elektrostatische Energie	[VAs]
$\mathbf{Q_2}$	im Abstand **r** von der Erstladung $\mathbf{Q_1}$ entfernte elektrische Zweitladung	[As]
E	elektrische Feldstärke verursacht durch Erstladung $\mathbf{Q_1}$	[V/m]
r	Abstand der elektrischen Ladungen $\mathbf{Q_1}$ und $\mathbf{Q_2}$	[m]

Vorgreifender Hinweis:

In Abschnitt 5.3.2 wird unterschieden in $\mathbf{r_{Ursprungsort}}$ und $\mathbf{r_{Ortmomentan}}$

$\mathbf{r_{Ursprungsort}}$	Abstand der elektrischen Ladungen $\mathbf{Q_1}$ und $\mathbf{\Delta Q_2}$ zu Beginn,
$\mathbf{r_{Ortmomentan}}$	Abstand der elektrischen Ladungen $\mathbf{Q_1}$ und $\mathbf{\Delta Q_2}$ im momentanen Zeitpunkt nach Beginn der Bewegung der elektrischen Ladung $\mathbf{\Delta Q_2}$

Es wird folgende prägnante Aussage formuliert:

(16a) Elektrostatische Energie ist eine Funktion des Produkts (Zweit-)Ladung $\mathbf{Q_2}$ mal Geometriewert

Die Erstladung $\mathbf{Q_1}$ „versteckt sich“ hinter der elektrischen Feldstärke **E**, die nicht erwähnt wird, um die Prägnanz der Aussage nicht zu verwässern.

Die Formulierung (16a) soll verdeutlichen, dass es – in Übereinstimmung mit der These von dem Nichts – ohne eine zweite elektrische Ladung $\mathbf{Q_2}$ keine elektrostatische Energie gibt. Mit der Vokabel „Geometriewert“ kommt die Bedeutung der räumlichen Gegebenheit zum Ausdruck.

5.3.2 Elektrostatische Energie, elektrisches Feld und Entfernung

Anhand Formel (16) kann der Betrag der elektrostatischen Energie in einem Raumpunkt bestimmt werden. Dieser Raumpunkt ist deshalb mit Energie behaftet, weil sich an diesem Ort die Zweitladung $\mathbf{Q_2}$ befindet. Bewegt sich diese oder ein Teil $\mathbf{\Delta Q_2}$ davon fort, bewegt sich auch die Energie/ein Energieanteil fort. Energie ist immer nur da, wo sich Zweitladung aufhält. Die Energie $\mathbf{N_{Ortmomentan}}$ an dem neuen Ort **Ortmomentan** ist von der Energie $\mathbf{N_{Ursprungsort}}$ am **Ursprungsort** abzuziehen. Aufgrund des Energieerhaltungssatzes bleibt der Energiebetragswert gleich. Nur die räumliche Lage hat sich verändert. Es gelten folgende Gleichungen:

(17a) $\mathbf{\Delta N_{Ursprungsort} = \Delta N_{Ortmomentan}}$ (Energieerhaltungssatz)

(17b) $\mathbf{\Delta N_{Ursprungsort} = \Delta Q_2 \times E_{Ursprungsort} \times r_{Ursprungsort}}$ (Formel (16))

(17c) $\mathbf{\Delta N_{Ortmomentan} = \Delta Q2 \times E_{Ortmomentan} \times r_{Ortmomentan}}$ (Formel (16))

oder:

(17d) $\mathbf{\Delta Q_2 \times E_{Ursprungsort} \times r_{Ursprungsort} = \Delta Q_2 \times E_{Ortmomentan} \times r_{Ortmomentan}}$

oder:

(17e) $\mathbf{E_{Ursprungsort} \times r_{Ursprungsort} = E_{Ortmomentan} \times r_{Ortmomentan}}$

Die elektrischen Feldstärken $\mathbf{E_{Ursprungsort}}$ und $\mathbf{E_{Ortmomentan}}$ lassen sich nach Formel (1a) berechnen.

(18a) $\mathbf{E_{Ursprungsort} = Q_1/(4 \times \pi \times \varepsilon \times r_{Ursprungsort}^2)}$

(18b) $\mathbf{E_{Ortmomentan} = Q_1/(4 \times \pi \times \varepsilon \times r_{Ortmomentan}^2)}$

Die elektrischen Feldstärken $\mathbf{E}_{\text{Ursprungsort}}$ und $\mathbf{E}_{\text{Ortmomentan}}$ verhalten sich zueinander wie:

(18c) $\mathbf{E}_{\text{Ursprungsort}} : \mathbf{E}_{\text{Ortmomentan}} =$

$$\mathbf{Q_1}/(4 \times \pi \times \varepsilon \times \mathbf{r}_{\text{Ursprungsort}}{}^2) : \mathbf{Q_1}/(4 \times \pi \times \varepsilon \times \mathbf{r}_{\text{Ortmomentan}}{}^2) =$$

$$= \mathbf{r}_{\text{Ortmomentan}}{}^2 : \mathbf{r}_{\text{Ursprungsort}}{}^2 = (\mathbf{r}_{\text{Ortmomentan}} : \mathbf{r}_{\text{Ursprungsort}})^2$$

$\mathbf{r}_{\text{Ortmomentan}}$ unterscheidet sich durch die Strecke $\mathbf{\Delta s}$ von $\mathbf{r}_{\text{Ursprungsort}}$:

(19) $\mathbf{r}_{\text{Ortmomentan}} = \mathbf{r}_{\text{Ursprungsort}} + \mathbf{\Delta s}$

Mit Formel (19) wird aus Formel (18c) die Formel (18d):

(18d) $\mathbf{E}_{\text{Ursprungsort}} : \mathbf{E}_{\text{Ortmomentan}} = ((\mathbf{r}_{\text{Ursprungsort}} + \mathbf{\Delta s}) / \mathbf{r}_{\text{Ursprungsort}})^2 =$

$$(\mathbf{1} + \mathbf{\Delta s}/\mathbf{r}_{\text{Ursprungsort}})^2$$

oder:

(18e) $\mathbf{E}_{\text{Ursprungsort}} = \mathbf{E}_{\text{Ortmomentan}} \times (\mathbf{1} + \mathbf{\Delta s}/\mathbf{r}_{\text{Ursprungsort}})^2$ **bzw.**

(18f) $\mathbf{E}_{\text{Ortmomentan}} = \mathbf{E}_{\text{Ursprungsort}}/(\mathbf{1} + \mathbf{\Delta s}/\mathbf{r}_{\text{Ursprungsort}})^2$

Ist $\mathbf{\Delta s = 0}$, dann sind $\mathbf{E}_{\text{Ursprungsort}}$ und $\mathbf{E}_{\text{Ortmomentan}}$ gleich, was offensichtlich richtig ist. $\mathbf{\Delta s}$ kann so sein, dass die Entfernung zur elektrischen Erstladung $\mathbf{Q_1}$ kleiner wird, dann wird $\mathbf{E}_{\text{Ortmomentan}}$ größer als $\mathbf{E}_{\text{Ursprungsort}}$. Bewirkt $\mathbf{\Delta s}$ eine Vergrößerung des Abstands zu $\mathbf{Q_1}$, so wird $\mathbf{E}_{\text{Ortmomentan}}$ kleiner als $\mathbf{E}_{\text{Ursprungsort}}$. Die Veränderung der elektrischen Feldstärke verhält sich quadratisch zur Veränderung der Abstandsänderung.

5.4 Elektrokinetische (= magnetische) Energie

Einen Ortswechsel, z. B. zwischen den in Abschnitt 5.3.2 bezeichneten Raumorten **Ursprungsort** und **Ortmomentan**, gibt es ohne Bewegung nicht. Bewegung ist Positionsänderung $\mathbf{\Delta s}$ in der Zeitspanne $\mathbf{\Delta t}$; ohne eine Positionsänderung **Δs** gibt es genauso wenig Bewegung, wie wenn ebenso keine Zeitdauer **Δt** für eine Positionsänderung eingeräumt wird.

Eine Positionsänderung **Δs** ist mit einer Änderung der durch eine elektrische Erstladung $\mathbf{Q_1}$ erzeugten elektrischen Feldstärke **E** verbunden. Die Änderung der elektrischen Feldstärke **ΔE** errechnet sich aus der Ableitung der Formel (1a) nach dem Weg **dr** multipliziert mit der Positionsänderung **Δs**:

$$\textbf{(20)}\quad \mathbf{\Delta E = dE/dr \times \Delta s = (-2) \times Q_1/(4 \times \pi \times \varepsilon \times r^3) \times \Delta s}$$

Die elektrischen Potenziale $\mathbf{P_{Ursprungsort}}$ am **Ursprungsort** und $\mathbf{P_{Ortmomentan}}$ am **Ortmomentan** errechnen sich nach den Formeln (21a) und (21b):

$$\textbf{(21a)}\quad \mathbf{P_{Ursprungsort} = E_{Ursprungsort} \times r_{Ursprungsort}}$$

$$\textbf{(21b)}\quad \mathbf{P_{Ortmomentan} = E_{Ortmomentan} \times (r_{Ursprungsort} + \Delta s)}$$

D.h., zwischen den Raumorten **Ursprungsort** und **Ortmomentan** besteht die elektrische Spannung **U**:

$$\textbf{(22)}\quad \mathbf{U = P_{Ursprungsort} - P_{Ortmomentan}}$$
$$\mathbf{= E_{Ursprungsort} \times r_{Ursprungsort} - E_{Ortmomentan} \times (r_{Ursprungsort} + \Delta s)}$$

Oder mit Formel (18e):

$$\textbf{(22a)}\quad \mathbf{U = E_{Ortmomentan} \times (1 + \Delta s/r_{Ursprungsort})^2 \times r_{Ursprungsort} - E_{Ortmomentan}}$$
$$\mathbf{\times (r_{Ursprungsort} + \Delta s) =}$$
$$\mathbf{= E_{Ortmomentan} \times ((1 + \Delta s/r_{Ursprungsort})^2 \times r_{Ursprungsort} -}$$
$$\mathbf{(r_{Ursprungsort} + \Delta s))}$$

Aus Formel (22a) folgt, dass die elektrische Spannung **U** von der Positionsänderung **Δs** abhängig ist. Die elektrische Spannung **ΔU** ändert sich nach der Formel (22b) *(Ableitung der Formel (22a) multipliziert mit der Positionsänderung +Δs)*:

$$\textbf{(22b)}\quad \mathbf{\Delta U = 2 \times E_{Ortmomentan} \times (1 + \Delta s/r_{Ursprungsort})/r_{Ursprungsort} \times}$$
$$\mathbf{r_{Ursprungsort} \times \Delta s - E_{Ortmomentan} \times \Delta s}$$

Die Differenz der elektrischen Ladung $\mathbf{\Delta Q}$ zwischen den betrachteten Raumorten ist der andere Faktor, um eine Energieänderung errechnen zu können. Allgemein gilt Formel (23):

$$(23) \quad \mathbf{\Delta Q = dQ/dt \times \Delta t}$$

Im Falle, dass sich eine einzige Elementarladung **e** bewegt, ist

$$(23a) \quad \mathbf{\Delta Q = dQ/dt \times \Delta t = e,}$$

denn die Elementarladung ist an einem Ort da und an jedem beliebigen anderen Ort nicht, sodass der elektrische Ladungsunterschied eine Elementarladung **e** beträgt. Die sich bewegende elektrokinetische Energie $\mathbf{\Delta N_{elkin}}$ für eine Elementarladung **e** errechnet sich mit den Formeln (22b) und (23a) zu (weil Prinzipbetrachtung, wird vereinfachend die Energieformel eines Plattenkondensators herangezogen):

$$\begin{aligned}(23b) \quad \mathbf{\Delta N_{elkin}} &= \mathbf{½ \times \Delta U \times \Delta Q =} \\ &= \mathbf{½ \times (2 \times E_{Ortmomentan} \times (1 + \Delta s/r_{Ursprungsort}) \times \Delta s -} \\ &\quad \mathbf{E_{Ortmomentan} \times \Delta s) \times e} \\ &= \mathbf{½ \times e \times E_{Ortmomentan} \times \Delta s \times (2 \times (1 + \Delta s/r_{Ursprungsort}) - 1)} \\ &= \mathbf{e \times E_{Ortmomentan} \times \Delta s \times (\Delta s/r_{Ursprungsort} - ½)}\end{aligned}$$

$\mathbf{\Delta s}$, $\mathbf{r_{Ursprungsort}}$ und $\mathbf{r_{Ortmomentan}}$ sind Vektoren. Diese bestimmen die Bewegung der räumlichen Energieänderung $\mathbf{\Delta N_{elkin}}$.

5.5 Energien in elektromagnetischen Wellen

5.5.1 Grundüberlegungen

Gemäß Abschnitt 4 sind elektromagnetische Wellen energetisch unabhängig. Und in den Abschnitten 5.1 und 5.2 wird argumentiert, dass elektromagnetische Wellen Außengrenzen haben und dass Energie nur dort ist, wo Elementarladungen sind. Weil sich jenseits der Außengrenzen keine Elementarladungen aufhalten, ist die Energie innerhalb der Grenzen der elektromagnetischen Welle zu suchen.

Grafik 5 zeigt die Räume $\mathbf{R_I}$ und $\mathbf{R_{II}}$ einer elektromagnetischen Welle. $\mathbf{R_I}$ und $\mathbf{R_{II}}$ haben den gleichen Energieinhalt, denn sie beherbergen jeweils eine Elementarladung. Das Maximum der elektrostatischen Energie liegt in der x-y-Schwingungsebene, das Maximum der kinetischen Energie in der x-z-Ebene.

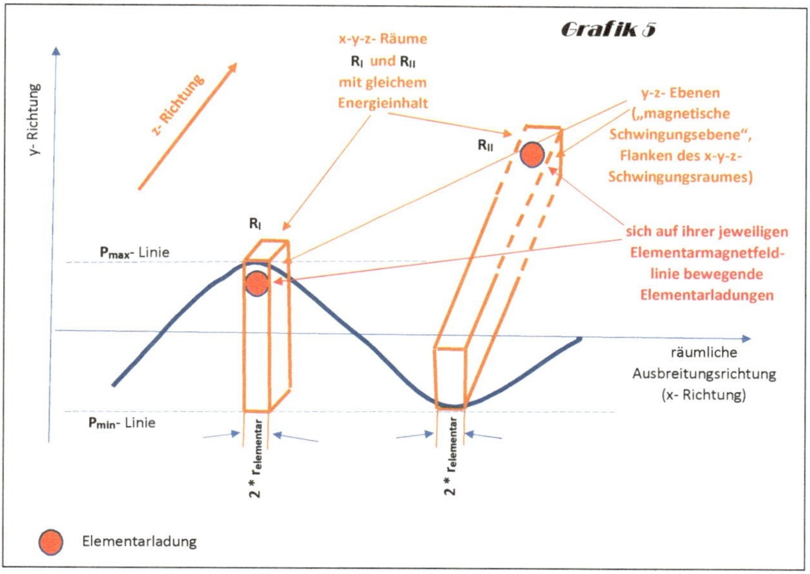

Elementarladungen wandern auf ihrer jeweiligen Elementarmagnetfeldlinie (siehe Abschnitt 4) durch den x-y-z-Schwingungsraum von dem Maximum der x-y-Schwingungsebene zum Maximum der x-z-Ebene. So wird sich die Elementarladung im Raum $\mathbf{R}_{I}$ eine halbe Wellenlänge später im Raum $\mathbf{R}_{II}$ befinden. Die dort befindliche Elementarladung wird sich in dem Raum $\mathbf{R}_{I}$ entsprechenden Raum $\mathbf{R}_{I+\lambda/2}$ eine halbe Wellenlänge später in der x-y-Schwingungsebene wiederfinden usw. Jede Elementarladung nimmt in der x-y-Schwingungsebene einmal pro Wellenlänge die Position des Maximums (= Maximum der elektrostatischen Energie und minimale elektrokinetische/magnetische Energie) und einmal die des Minimums (= Minimum der elektrostatischen Energie und maximale elektrokinetische/magnetische Energie) ein.

Die Bewegung einer Elementarladung ist vergleichbar mit der Umlaufbahn der Erde. Im sonnenfernsten Punkt hat die Erde maximale potenzielle Energie, die kinetische Energie ist dort am geringsten. Im sonnennächsten Punkt ist es umgekehrt: Die potenzielle Energie ist am geringsten und die kinetische am höchsten. Die Energiezustände wechseln pro halbes Jahr bzw. pro halbe Umlaufbahn (= halbe Wellenlänge). Im Weltall/auf der x-Achse hat sich die Erde/die Elementarladung um die Strecke sonnenfernster–sonnennächster Punkt/halbe Wellenlänge weiterbewegt.

Elementarmagnetfeldlinien sind die Umlaufbahnen der Elementarladungen. Was es ist, was Elementarladungen umlaufen, steht in Abschnitt 5.5.2.

Anmerkung bezüglich der y-Achse

Es besteht eine grundsätzliche Beziehung zwischen elektrischer Feldstärke **E** und Entfernung **d**, die formelmäßig lautet:

$$(24) \quad \mathbf{E} = \mathbf{U}/\mathbf{d},$$

wobei **U** für elektrische Spannung steht, die wiederum nichts anderes ist als eine Potenzialdifferenz $\mathbf{\Delta P}$.

(24a) $\mathbf{E = \Delta P/d}$

Formel (24a) umgeformt ergibt Formel (24b):

(24b) $\mathbf{d = \Delta P/E}$

Abstand **d** und Potenzial(-differenz) **ΔP** stehen in einem linearen Verhältnis zueinander, d. h., ist (bei unveränderter elektrischer Feldstärke **E**) **ΔP** groß, dann ist auch **d** groß. Und ist **ΔP** klein, dann ist auch **d** klein. Aufgrund dieses Zusammenhangs ist ein Wert auf der y-Achse sowohl eine Aussage über die Entfernung als auch über das Potenzial. Und es geht weiter: Die Elementarladung **e** ist unteilbar. Deshalb gilt für eine elektrische Ladung **Q**:

(25) $\mathbf{Q = n \times e}$,

wobei **n** die Anzahl der Elementarladungen **e** bedeutet. Und dann gibt es noch die Formel

(25a) $\mathbf{Q = C \times U = C \times \Delta P}$

C ist die Kapazität, ein Maß des Kondensators dafür, wie viele Elementarladungen gespeichert werden können. Wird **C** als Konstante angesehen, dann gilt, dass auch **ΔP** und **Q** in einem linearen Verhältnis stehen. Und da **Q** wiederum in einem linearen Verhältnis zu **n** steht, gilt zusammenfassend:

y-Werte stellen gleichermaßen Aussagen bzgl. Entfernung, elektrisches Potenzial, elektrische Ladung sowie Anzahl an Elementarladungen dar. Daher sind Werte auf der y-Achse gleichermaßen Aussagen für diese physikalischen Größen, weshalb keine separaten Grafiken erforderlich sind.

5.5.2 Wellenlängen- und Gesamt-Gleichgewichtspunkt

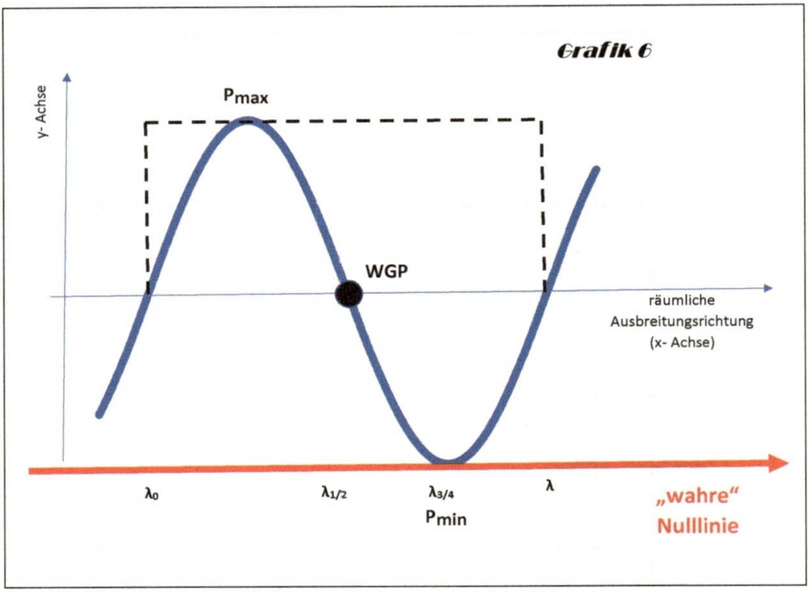

Anmerkung

Üblicherweise wird die x-Achsenlinie, die die Sinuskurve „halbiert", als Nulllinie angesehen. Hinsichtlich der Ausbreitungsrichtung der elektromagnetischen Welle ist daran auch nichts auszusetzen. Wenn allerdings, wie in dieser Abhandlung, davon ausgegangen wird, dass sich elektromagnetische Wellen aus Elementarladungen zusammensetzen, dann macht diese Lesart keinen Sinn. Im Wellenminimum der x-y-Schwingungsebene ist keine Elementarladung vorhanden, denn diese befindet sich ja gerade im Maximum der x-z-Ebene (siehe Abschnitt 5.5.1). **Die wahre Nulllinie ist die x-Achsenlinie, die in Ausbreitungsrichtung durch das Wellental, $y = P_{min}$, geht (= untere Außengrenze der elektromagnetischen Welle in der x-y-Schwingungsebene)**. Von dieser Bezugslinie ausgehend bestimmen sich die absoluten Werte der x-y-Schwingungsebene und der x-z-Ebene, denn weder der y- noch der z-Wert kann kleiner als null werden.

Die Sinuskurven-halbierende x-Ausbreitungslinie hat trotz des gerade erlittenen Ansehensverlusts eine hervorragende Bedeutung. Die „Nulldurchgänge" zeigen die Stellen der Energiegleichheit von elektrostatischer und elektrokinetischer/magnetischer Energie einer elektromagnetischen Welle an, ganz so, wie Frühlings- und Herbstanfang die Punkte der Erdumlaufbahn sind, in denen es innerhalb von 24 Stunden genauso viel Sonnenlicht gibt wie es keines gibt. Der mittlere Nulldurchgang ($\lambda/2$) einer Wellenlänge kann als Gleichgewichtspunkt dieser Wellenlänge angesehen werden: In x-Richtung, aber auch in y- und z-Richtung liegt dieser Nulldurchgang in der Mitte der Wellenlänge. Der mittlere Nulldurchgang einer Wellenlänge wird deshalb *Wellenlängen-Gleichgewichtspunkt* **WGP** genannt.

Der *Wellenlängen-Gleichgewichtspunkt* (wie auch der noch einzuführende *Gesamt-Gleichgewichtspunkt*) wird wie ein Schwerpunkt bei materialbehafteten Körpern verstanden. So wie ein solcher als rechnerisches Substitut für eine Masse herangezogen werden kann, so können Gleichgewichtspunkte als theoretische Hilfsgrößen bei der Berechnung elektromagnetischer Wellen als auch für Teilabschnitte nützlich sein. Ein *Wellenlängen-Gleichgewichtspunkt* **WGP** repräsentiert eine Wellenlänge, der *Gesamt-Gleichgewichtspunkt* **GGP** repräsentiert die gesamte elektromagnetische Welle.

Bei einer elektromagnetischen Welle mit genau einer Wellenlänge gibt es keinen Unterschied zwischen *Wellenlängen-* und *Gesamt-Gleichgewichtspunkt*. Liefert die Wellen-Quelle eine Wellenlänge nach, wird aus der einperiodischen eine zweiperiodische elektromagnetische Welle. Die Gesamtlänge hat sich verdoppelt. Da der *Gesamt-Gleichgewichtspunkt* **GGP** immer in der Mitte der Gesamtlänge der elektromagnetischen Welle liegt, findet dieser sich bei einer zweiperiodischen Welle mit einer Gesamtlänge von $\mathbf{2 \times \lambda}$ also bei $\boldsymbol{\lambda}$ wieder:

(26) $$\mathbf{GGP_x = n \times \lambda/2}$$

$\mathbf{GGP_x}$ Position des *Gesamt-Gleichgewichtspunkts* in x-Richtung

n Anzahl der Wellenlängen
λ Wellenlänge der elektromagnetischen Welle

Bei elektromagnetischen Wellen mit konstanter Anzahl von Wellenlängen kann – **besser gesagt „könnte", wenn Einstein nicht wäre und der Abschnitt 5.5.4 nicht noch kommen würde** – die x-Position mit Formel (26a) berechnet werden:

(26a) $\mathbf{x_{GGP} = n \times \lambda/2 + t \times c}$

t Messzeit
c Lichtgeschwindigkeit

Aus Abschnitt 4 folgt, dass die Energie pro Wellenlänge konstant ist. D. h., der *Gesamt-Gleichgewichtspunkt* GGP verschiebt sich proportional mit jeder hinzukommenden Wellenlänge in die y-Richtung der x-y-Schwingungsebene:

(27) $\mathbf{GGP_y}$ **prop.** $\mathbf{n \times IPmaxI = n \times IPminI}$
prop. Lesart: $\mathbf{GGP_y}$ ist proportional zu dem Ausdruck auf der rechten Seite

Entsprechendes wie für $\mathbf{GGP_y}$ gilt für $\mathbf{GGP_z}$ hinsichtlich der x-z-Ebene, nur dass in der x-z-Ebene nicht von elektrischem Potenzial, sondern von magnetischer Durchflutung **Θ**, physikalische Einheit Ampere [A], gesprochen wird:

(27a) $\mathbf{GGP_z}$ **prop.** $\mathbf{n \times I\Theta maxI = n \times I\Theta minI}$

Hinweis: **Pmax, Pmin, Θmax** und **Θmin** sind ausgehend von der Sinuskurven-halbierenden x-Ausbreitungslinie zu quantifizieren.

5.5.3 Die „Anti-Coulombkraft"

Die Coulombkraft bewirkt, dass sich gleiche elektrische Ladungen abstoßen. So gesehen ist es ein Wunder, dass es – wie in dieser Abhandlung angenommen wird – aus Elementarladungen bestehende elektromagnetische Wellen gibt.

Siehe Tabelle 4 und Grafik 8: Die Coulombkraft wirkt zwischen den zwei gleichgerichteten Ladungen $\mathbf{Q_{2a}}$ und $\mathbf{Q_{2b}}$ geradlinig abstoßend. Vor der Abstoßreaktion zum Zeitpunkt $\mathbf{t_{Anfang}}$ befindet sich die Ladung $\mathbf{Q_{2a}}$ in Raumpunkt $\mathbf{R_{2a}}$ und die Ladung $\mathbf{Q_{2b}}$ in Raumpunkt $\mathbf{R_{2b}}$. Die Raumpunkte $\mathbf{R_{2a}}$ und $\mathbf{R_{2b}}$ sind um die Strecke $\mathbf{r_{2a2b}}$ voneinander entfernt. Von dem *Gesamt-Gleichgewichtspunkt* **GGP** mit der repräsentativen fiktiven Ladung $\mathbf{Q_{GGP}}$ sind die Raumpunkte $\mathbf{R_{2a}}$ und $\mathbf{R_{2b}}$ die Strecken $\mathbf{r_{2a}}$ bzw. $\mathbf{r_{2b}}$ entfernt. Somit besteht zum Zeitpunkt $\mathbf{t_{Anfang}}$ zwischen der Ladung $\mathbf{Q_{GGP}}$ und der Ladung $\mathbf{Q_{2a}}$ unter Verwendung der Formeln (1a) und (16) eine elektrostatische Energie $\mathbf{N_{elstatR2atAnfang}}$

$$(28)\quad \mathbf{N_{elstatR2atAnfang} = Q_{GGP}/(4 \times \pi \times \varepsilon \times r_{2a}^2) \times r_{2a} \times Q_{2a}} \\ \mathbf{= Q_{GGP} \times Q_{2a}/(4 \times \pi \times \varepsilon \times r_{2a})}$$

und zwischen der Ladung $\mathbf{Q_{GGP}}$ und der Ladung $\mathbf{Q_{2b}}$ die elektrostatische Energie $\mathbf{N_{elstatR2btAnfang}}$

$$(28a)\quad \mathbf{N_{elstatR2btAnfang} = Q_{GGP}/(4 \times \pi \times \varepsilon \times r_{2b}^2) \times r_{2b} \times Q_{2b}} \\ \mathbf{= Q_{GGP} \times Q_{2b}/(4 \times \pi \times \varepsilon \times r_{2b})}$$

Zwischen den Ladungen $\mathbf{Q_{2a}}$ und $\mathbf{Q_{2b}}$ besteht die elektrostatische Energie $\mathbf{N_{elstatR2aR2btAnfang}}$

$$(28b)\quad \mathbf{N_{elstatR2aR2btAnfang} = Q_{2a}/(4 \times \pi \times \varepsilon \times r_{2a2b}^2) \times r_{2a2b} \times Q_{2b}} \\ \mathbf{= Q_{2a} \times Q_{2b}/(4 \times \pi \times \varepsilon \times r_{2a2b})}$$

Die Coulombkraft verursacht die Bewegungen der elektrischen Ladungen $\mathbf{Q_{2a}}$ und $\mathbf{Q_{2b}}$. Mit Formel (23b) lassen sich die dabei entstehenden kinetischen Energien $\mathbf{N_{elkinQ2a}}$ und $\mathbf{N_{elkinQ2b}}$ berechnen:

(29a) $\mathbf{N_{elkinQ2a} = Q_{2a} \times E_{R2aneu} \times \Delta r_{2a} \times (\Delta r_{2a}/r_{2a} - 1/2)}$

(29b) $\mathbf{N_{elkinQ2b} = Q_{2b} \times E_{R2bneu} \times \Delta r_{2b} \times (\Delta r_{2b}/r_{2b} - 1/2)}$

Mit (siehe Formel (1a))

(30a) $\mathbf{E_{R2aneu} = Q_{GGP} / (4 \times \pi \times \varepsilon \times r_{2aneu}^2)}$ und
(30b) $\mathbf{E_{R2bneu} = Q_{GGP} / (4 \times \pi \times \varepsilon \times r_{2bneu}^2)}$

ergibt sich

(29c) $\mathbf{N_{elkinQ2a} = Q_{2a} \times Q_{GGP} / (4 \times \pi \times \varepsilon \times r_{2aneu}^2) \times \Delta r_{2aneu} \times (\Delta r_{2a}/r_{2aneu} - 1/2)}$
(29d) $\mathbf{N_{elkinQ2b} = Q_{2b} \times Q_{GGP} / (4 \times \pi \times \varepsilon \times r_{2bneu}^2) \times \Delta r_{2bneu} \times (\Delta r_{2b}/r_{2bneu} - 1/2)}$

Es kann nicht mehr elektrokinetische/magnetische Energie geben, als vorher in elektrostatischer Energie gebunden war:

(31) Formel (28b) = Formel (29c) + Formel (29d)
$\mathbf{N_{elstatR2aR2btAnfang} = N_{elkinQ2a} + N_{elkinQ2b}}$

$$\mathbf{Q_{2a} \times Q_{2b}/(4 \times \pi \times \varepsilon \times r_{2a2b}) = Q_{2a} \times Q_{GGP} / (4 \times \pi \times \varepsilon \times r_{2aneu}^2) \times \Delta r_{2a} \times (\Delta r_{2a}/r_{2aneu} - 1/2) + Q_{2b} \times Q_{GGP} / (4 \times \pi \times \varepsilon \times r_{2bneu}^2) \times \Delta r_{2b} \times (\Delta r_{2b}/r_{2bneu} - 1/2)}$$

$$\mathbf{Q_{2a} \times Q_{2b}/r_{2a2b} = Q_{2a} \times Q_{GGP}/r_{2aneu}^2 \times \Delta r_{2a} \times (\Delta r_{2a}/r_{2aneu} - 1/2) + Q_{2b} \times Q_{GGP}/r_{2bneu}^2 \times \Delta r_{2b} \times (\Delta r_{2b}/r_{2bneu} - 1/2)}$$

Die mathematischen Ausdrücke $(\mathbf{\Delta r}_{2a}/\mathbf{r}_{2aneu} - \frac{1}{2})$ und $(\mathbf{\Delta}_{r2b}/_{r2bneu} - \frac{1}{2})$ in Formel (31) können beide positiv sein. Höchstens einer dieser Ausdrücke ist negativ. Dann muss der andere Ausdruck umso positiver sein, denn wegen des Energieerhaltungssatzes bleibt die Summe gleich. Ist z. B. $\mathbf{\Delta r}_{2b}$ sehr viel kleiner als $\mathbf{r}_{2bneu}$, dann muss $\mathbf{\Delta r}_{2a}$ deutlich größer als $\mathbf{r}_{2aneu}$ sein. Damit wäre die Energie $\mathbf{N}_{elkinQ2a}$ deutlich größer als die Energie $\mathbf{N}_{elkinQ2b}$. Den Fall, dass beide Differenzen negativ sind, gibt es bei gleichen elektrischen Ladungen nicht.

Die geschilderten Verhältnisse zwischen den elektrischen Ladungen $\mathbf{Q}_{1b}$ und $\mathbf{Q}_{2b}$ werden zusätzlich von der Ladung $\mathbf{Q}_{GGP}$ im *Gesamt-Gleichgewichtspunkt* **GGP** beeinflusst, der sich nicht nur wie die gesamte elektromagnetische Welle mit Lichtgeschwindigkeit in x-Richtung fortbewegt, sondern schneller. Das kommt so: Verlängert sich die elektromagnetische Welle um neue Wellenlängen, so bewegt sich der *Gesamt-Gleichgewichtspunkt* **GGP** mit jeder Wellenlänge zusätzlich um eine halbe Wellenlänge weiter in Ausbreitungsrichtung fort, denn definitionsgemäß befindet sich dieser Punkt immer in der Mitte der elektromagnetischen Welle. Wird die elektromagnetische Welle um eine Wellenlänge länger, muss sich folglich der *Gesamt-Gleichgewichtspunkt* **GGP** zusätzlich zur Lichtgeschwindigkeit um eine halbe Wellenlänge bewegen. Damit ist die Geschwindigkeit des *Gesamt-Gleichgewichtspunkts* **GGP** größer als die Lichtgeschwindigkeit. Dennoch ist dies kein Widerspruch zu Einstein, denn der *Gesamt-Gleichgewichtspunkt* **GGP** stellt eine Wirkgröße dar, die nicht von dem tatsächlichen Vorhandensein von Elementarladungen abhängig ist. Keine einzige Elementarladung muss sich deshalb schneller als Lichtgeschwindigkeit bewegen.

Aufgrund des Einflusses der Ladung $\mathbf{Q}_{GGP}$ im *Gesamt-Gleichgewichtspunkt* **GGP** verändern sich die Abstände $|\mathbf{r}_{2a}-\mathbf{r}_{2aneu}|$ bzw. $|\mathbf{r}_{2b}-\mathbf{r}_{2bneu}|$ anders, als dies allein die Coulombkraft zwischen $\mathbf{Q}_{2a}$ und $\mathbf{Q}_{2b}$ bewirken würde. In Folge ändern sich die elektrostatischen Energien $\mathbf{N}_{elstatR2atAnfang}$ und $\mathbf{N}_{elstatR2aneutEnde}$ bzw. $\mathbf{N}_{elstatR2btAnfang}$ und $\mathbf{N}_{elstatR2bneutEnde}$ ebenfalls (Formel (16)).

In Tabelle 4 und in Grafik 8 ist anhand einer beispielhaften Konstellation der drei elektrischen Ladungen $\mathbf{Q_{GGP}}$, $\mathbf{Q_{2a}}$ und $\mathbf{Q_{2b}}$ dargestellt, wie sich Coulombkraft und die Bewegung der Ladung $\mathbf{Q_{GGP}}$ mitsamt dem *Gesamt-Gleichgewichtspunkt* **GGP** auswirken.

			Auswirkung der Coulombkraft	**Auswirkung der Positionsveränderung von Q_{GGP}**	**Situationsbeschreibung** (siehe Grafik 8)
			$\mathbf{Q_{2a}}$ bewegt sich entgegen, $\mathbf{Q_{2b}}$ in Ausbreitungsrichtung; $\mathbf{r_{2a}}$ und $\mathbf{r_{2b}}$ nehmen zu	Die Bewegung von $\mathbf{Q_{GGP}}$ reduziert $\mathbf{r_{2b}}$ und erhöht $\mathbf{r_{2a}}$	
1.1	Q_{2a}-Betrag hoch	Q_{2b}-Betrag hoch	Q_{2a} und Q_{2b} in etwa gleich groß ⇒ el. kin. Energien $N_{elkinQ2a}$ und $N_{elkinQ2b}$ in etwa gleich groß (Formeln (29a) und (29b)) ⇒ $N_{elstatR2atAnfang}$ und $N_{elstatR2btAnfang}$ nehmen ungefähr gleichviel zu (Formeln (28) und (28a))	$N_{elstatR2btAnfang}$ nimmt noch mehr zu, während der Zuwachs von $N_{elstatR2atAnfang}$ reduziert wird	Die Coulombkraft zwischen den Ladungen Q_{2a} und Q_{2b} ist groß, weil der Abstand r_{2a2b} klein ist (Coulomb-Gesetz). Damit ist $N_{elstatR2aR2btAnfang}$ groß (Formeln (28b) und (31)), weshalb die Summe der kinetischen Energien $N_{elkinQ2a}$ und $N_{elkinQ2b}$ groß ist. D. h., es steht viel Energie zur Verfügung, um die Ladungen Q_{2a} und Q_{2b} von den elektrostatischen Energieniveaus $N_{elstatR2atAnfang}$ und $N_{elstatR2btAnfang}$ auf die neuen elektrostatischen Energieniveaus $N_{elstatR2aneutEnde}$ und $N_{elstatR2bneutEnde}$ zu heben. Die Positionsveränderung von Q_{GGP} unterstützt $N_{elkinQ2b}$ bei der Energiezunahme zulasten von $N_{elkinQ2a}$
1.2	Q_{2a}-Betrag hoch	Q_{2b}-Betrag niedrig	Q_{2a} deutlich größer als Q_{2b} ⇒ $N_{elkinQ2a}$ deutlich größer als $N_{elkinQ2b}$ ⇒ $N_{elstatR2atAnfang}$ wächst deutlich stärker als $N_{elstatR2btAnfang}$	$N_{elstatR2btAnfang}$ nimmt etwas mehr zu, während der Zuwachs von $N_{elstatR2atAnfang}$ reduziert wird	
1.3	Q_{2a}-Betrag niedrig	Q_{2b}-Betrag hoch	Q_{2a} deutlich kleiner als Q_{2b} ⇒ $N_{elkinQ2a}$ deutlich kleiner als $N_{elkinQ2b}$ ⇒ $N_{elstatR2atAnfang}$ wächst deutlich schwächer als $N_{elstatR2btAnfang}$	$N_{elstatR2atAnfang}$ nimmt tendenziell ab, während der Zuwachs von $N_{elstatR2btAnfang}$ verstärkt wird	
1.4	Q_{2a}-Betrag niedrig	Q_{2b}-Betrag niedrig	Q_{2a} und Q_{2b} in etwa gleich groß ⇒ $N_{elstatR2atAnfang}$ und $N_{elstatR2btAnfang}$ wachsen schwach	$N_{elstatR2btAnfang}$ nimmt zu, während der Zuwachs von $N_{elstatR2atAnfang}$ reduziert wird	

Tabelle 4: Positionsveränderungen der elektrischen Ladungen $\mathbf{Q_{2a}}$ und $\mathbf{Q_{2b}}$ aufgrund der Coulombkraft sowie der elektrischen Ladung $\mathbf{Q_{GGP}}$ des in Bewegung befindlichen *Gesamt-Gleichgewichtspunktes* **GGP**

Raumpunkt: R_{2aneu}	**Raumpunkt:** R_{2a}	**Raumpunkt:** R_{2b}	**Raumpunkt:** R_{2bneu}
el. Ladung zum Zeitpunkt t_{Anfang}: -	**el. Ladung zum Zeitpunkt t_{Anfang}:** Q_{2a}	**el. Ladung zum Zeitpunkt t_{Anfang}:** Q_{2b}	**el. Ladung zum Zeitpunkt t_{Anfang}:** -
el. Ladung zum Zeitpunkt t_{Ende}: Q_{2a}	**el. Ladung zum Zeitpunkt t_{Ende}:** -	**el. Ladung zum Zeitpunkt t_{Ende}:** -	**el. Ladung zum Zeitpunkt t_{Ende}:** Q_{2b}
el. Feld: E_{R2aneu}	**el. Feld:** E_{R2a}	**el. Feld:** E_{R2b}	**el. Feld:** E_{R2bneu}
elektrostat. Energie zum Zeitpunkt t_{Anfang}: -	**elektrostat. Energie zum Zeitpunkt t_{Anfang}:** $N_{elstatR2atAnfang}$	**elektrostat. Energie zum Zeitpunkt t_{Anfang}:** $N_{elstatR2btAnfang}$	**elektrostat. Energie zum Zeitpunkt t_{Anfang}:** -
elektrostat. Energie zum Zeitpunkt t_{Ende}: $N_{elstatR2aneutEnde}$	**elektrostat. Energie zum Zeitpunkt t_{Ende}:** -	**elektrostat. Energie zum Zeitpunkt t_{Ende}:** -	**elektrostat. Energie zum Zeitpunkt t_{Ende}:** $N_{elstatR2bneutEnde}$

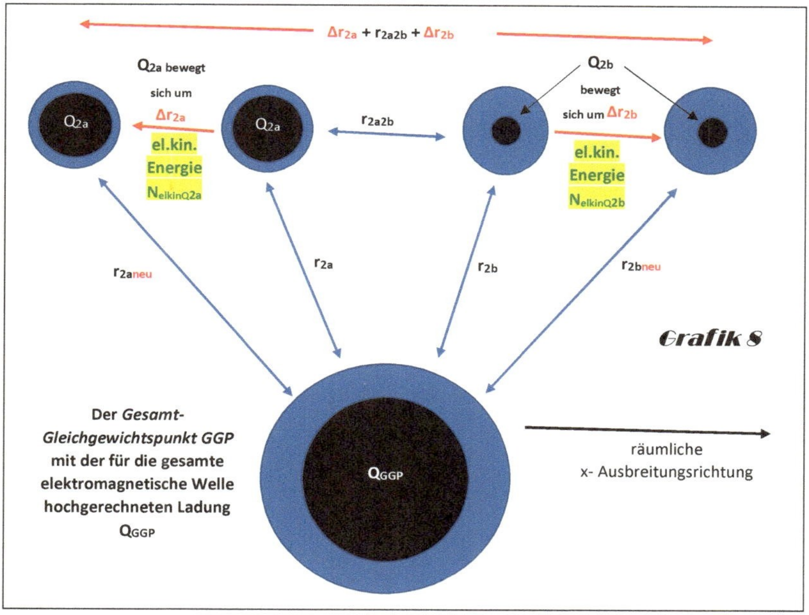

Grafik 8

Formel (31) sagt aus, dass sich die elektrostatische Energie zwischen zwei elektrischen Ladungen auf zwei elektrokinetische/magnetische Energien aufteilt. Oder umgekehrt: Zwei elektrische Ladungen bewegen sich so lange, bis ein elektrostatisches (Summen-)Potenzial erreicht ist, das nicht mehr zunimmt, weil keine elektrokinetische/magnetische Energie mehr übrig ist, die in eine weitere Zunahme der elektrostatischen Energie umgesetzt werden könnte. Für die elektrostatische Energie gibt es somit einen Betragswert, der sich aus der Summe der beteiligten elektrokinetischen/magnetischen Energien bestimmt. Die Summe der elektrokinetischen/magnetischen Energien steht fest, deren Aufteilung auf die Einzelsummanden jedoch nicht. Aufgesetzt auf Formel (31) erfolgt eine mathematische Betrachtung:

$$(31a)\quad \mathbf{N_{elstatR2aR2btAnfang} = const. = N_{elkinQ2a} + N_{elkinQ2b}}$$

$$\mathbf{const. = Q_{2a} \times Q_{GGP}/r_{2aneu}{}^2 \times \Delta r_{2a} \times (\Delta r_{2a}/r_{2aneu} - ½) + Q_{2b} \times Q_{GGP}/r_{2bneu}{}^2 \times \Delta r_{2b} \times (\Delta r_{2b}/r_{2bneu} - ½)}$$

Formel (31a) wird vereinfacht, indem mit $\mathbf{1/Q_{GGP}}$ multipliziert wird (aus **const.** wird **konst.**):

$$(31b)\quad \mathbf{konst. = Q_{2a}/r_{2aneu}{}^2 \times \Delta r_{2a} \times (\Delta r_{2a}/r_{2aneu} - ½) + Q_{2b}/r_{2bneu}{}^2 \times \Delta r_{2b} \times (\Delta r_{2b}/r_{2bneu} - ½)}$$

Ohne $\mathbf{\Delta r_{2a}}$ gibt es kein $\mathbf{\Delta r_{2b}}$ und umgekehrt, denn die verursachende Coulombkraft hat für beide betroffene elektrische Ladungen „bewegende" Auswirkungen. Es gilt:

$$(32)\quad \mathbf{\Delta r_{2a} = (\Delta r_{2b} + dr)}$$

dr ist die Differenzstrecke, die die Wegstrecken $\mathbf{\Delta r_{2a}}$ und $\mathbf{\Delta r_{2b}}$ voneinander unterscheidet. Dabei ist zu beachten – Konsequenz der Coulombkraft –, dass $\mathbf{\Delta r_{2a}}$ und $\mathbf{\Delta r_{2b}}$ entgegengesetzte Richtungen haben.

Formel (32) wird in Formel (31b) eingesetzt:

$$\textbf{(31c)}\quad \mathbf{konst.} = \mathbf{Q_{2a}/r_{2aneu}{}^2 \times (\Delta r_{2b} + dr) \times ((\Delta r_{2b} + dr)/r_{2aneu} - ½) +}$$
$$\mathbf{\{Q_{2b}/r_{2bneu}{}^2 \times \Delta r_{2b} \times (\Delta r_{2b}/r_{2bneu} - ½)\}}$$

Formel (31c) wird nach **dr** abgeleitet; die Werte der abgeleiteten Konstante **konst.** sowie der geschweiften Klammer sind jeweils null, weil keine Abhängigkeit von **dr** gegeben ist; der Term $\mathbf{Q_{2a}/r_{2aneu}{}^2}$ kann weggekürzt werden:

$$\textbf{(31d)}\quad \mathbf{0 = [(\Delta r_{2b} + dr) \times ((\Delta r_{2b} + dr)/r_{2aneu} - ½)]' =}$$
$$\mathbf{= [(\Delta r_{2b} + dr)^2/r_{2aneu} - ½ \times (\Delta r_{2b} + dr)]' =}$$
$$\mathbf{= 2 \times (\Delta r_{2b} + dr)/r_{2aneu} - ½ =}$$
$$\mathbf{= 2 \times \Delta r_{2b} + 2 \times dr - ½ \times r_{2aneu}}$$

Umgestellt nach **dr** ergibt sich:

$$\textbf{(31e)}\quad \mathbf{dr = r_{2aneu}/4 - \Delta r_{2b}}$$

In Abschnitt 5.3 wird ausgeführt, dass für Energie drei Voraussetzungen gegeben sein müssen. Die elektrische Ladung $\mathbf{Q_{GGP}}$ des *Gesamt-Gleichgewichtspunkts* **GGP** erfüllt die erste Voraussetzung (in Abschnitt 5.3 ist damit die Erstladung $\mathbf{Q_1}$ gemeint), die elektrischen Ladungen $\mathbf{Q_{2a}}$ bzw. $\mathbf{Q_{2b}}$ stellen die elektrische Ladung $\mathbf{Q_2}$ dar (Voraussetzung 3). Der jeweilige räumliche Abstand zwischen $\mathbf{Q_{GGP}}$ und $\mathbf{Q_{2a}}$ bzw. zwischen $\mathbf{Q_{GGP}}$ und $\mathbf{Q_{2b}}$ erfüllt die jeweilige Vorbedingung 2. Weil alle drei Voraussetzungen gegeben sind, ist elektrische Energie zwischen den elektrischen Ladungen $\mathbf{Q_{GGP}}$ und $\mathbf{Q_{2a}}$ bzw. $\mathbf{Q_{2b}}$ vorhanden.

Elektrostatisch, Betonung liegt auf „statisch", ist eine Energie zwischen zwei gleichbleibenden Ansammlungen von Elementarladungen (1. und 3. Voraussetzung) dann, wenn der Abstand (Voraussetzung 2) gleich bleibt. Ohne das Vorhandensein einer dritten elektrischen Ladung käme es nicht dazu, dass sich elektrokinetische (= magnetische) Energie in elektrostatische Energie umwandeln würde, denn die Coulombkraft würde zwei elektrische Ladungen immer weiter voneinander fortführen. Das Zusammenspiel von mehr als zwei elektrischen Ladungen bewirkt das Einhegen der Coulombkraft und wirkt als „Anti-Coulombkraft", die die von der Coulombkraft verursachte elektrokinetische/magnetische Energie in elektrostatische Energie umformt.

Die sinuskurven-internen Verhältnisse zwischen zwei beliebigen Potenzialen einer elektromagnetischen Welle in der x-y-Schwingungsebene verändern sich nicht, weil die elektromagnetische Welle sich insgesamt mit gleicher Geschwindigkeit fortbewegt. Die Verhältnisse in der x-y-Schwingungsebene sind somit statisch, d. h., in der x-y-Schwingungsebene gibt es nur elektrostatische Energie. Wegen des Energieerhaltungssatzes und der schwankenden elektrostatischen Energie innerhalb der x-y-Schwingungsebene muss es ausgleichende Energie woanders geben. Mit elektrokinetischer/magnetischer Energie im x-y-z-Schwingungsraum wird der Energieerhaltungssatz eingehalten.

Plausibilitätsüberlegung

Finden sich die drei elektrischen Ladungen $\mathbf{Q_{GGP}}$, $\mathbf{Q_{2a}}$ und $\mathbf{Q_{2b}}$ in Formel (31e) wieder? Siehe Grafik 8: $\mathbf{r_{2aneu}}$ gibt den Abstand zwischen $\mathbf{Q_{GGP}}$ und $\mathbf{Q_{2a}}$ an, wenn die kinetische Energie aufgebraucht ist. $\mathbf{\Delta r_{2b}}$ gibt die Wegstrecke an, die die Ladung $\mathbf{Q_{2b}}$ zurücklegt. In **dr** drückt sich die Wegstrecke aus, die die Ladungen $\mathbf{Q_{2a}}$ und $\mathbf{Q_{2b}}$ insgesamt zurücklegen. Wären $\mathbf{Q_{2a}}$ oder $\mathbf{Q_{2b}}$ gleich null, dann gäbe es weder $\mathbf{\Delta r_{2b}}$ noch $\mathbf{r_{2aneu}}$ und **dr** wäre gleich null, denn ohne die jeweils andere Ladung gäbe es auch keine Coulombkraft zwischen diesen Ladungen. Ohne $\mathbf{Q_{GGP}}$ gäbe es keine elektrostatische Energie $\mathbf{N_{elstatR2aR2btAnfang}}$ die in die kinetischen Energien $\mathbf{N_{elkinQ2a}}$ und $\mathbf{N_{elkinQ2b}}$ umgewandelt werden könnte (siehe Formel (31)). Damit gäbe es ebenso weder $\mathbf{r_{2aneu}}$ noch $\mathbf{\Delta r_{2b}}$. Zwar gäbe es zwischen $\mathbf{Q_{2a}}$ und $\mathbf{Q_{2b}}$ eine Coulombkraft. Diese wäre aber eine andere als die Coulombkraft, bei der $\mathbf{Q_{GGP}}$ mitspielt. Andere Werte für die elektrischen Ladungen $\mathbf{Q_{GGP}}$, $\mathbf{Q_{2a}}$ und $\mathbf{Q_{2b}}$ ergeben andere $\mathbf{r_{2aneu}}$- und $\mathbf{\Delta r_{2b}}$-Werte und damit andere **dr**-Werte. Insofern ist Formel (31e) plausibel.

5.5.4 Elektromagnetische Wellen breiten sich gekrümmt aus

In Abschnitt 5.5.2 ist der Begriff des *Gleichgewichtspunkts* eingeführt worden. Die Idee, *Gleichgewichtspunkte* zu definieren, ist die Suche nach einer stellvertretenden Ersatzgröße, die so wirkt wie eine Ansammlung von Elementarladungen. Für jede beliebige Elementarladungsansammlung kann ein *Gleichgewichtspunkt* bestimmt werden. So ist für eine Wellenlänge der *Wellenlängen-Gleichgewichtspunkt* **WGP** und für die gesamte elektromagnetische Welle eben der *Gesamt-Gleichgewichtspunkt* **GGP** eingeführt worden. Es erfolgt eine weitere Differenzierung bezogen auf die x-y-Schwingungsebene:

$\mathbf{WGP_{xy}}(+)$ *Wellenlängen-Gleichgewichtspunkt für die Halbwelle mit dem Wellenberg*

$\mathbf{WGP_{xy}}(-)$ *Wellenlängen-Gleichgewichtspunkt für die Halbwelle mit dem Wellental*

Der *Wellenlängen-Gleichgewichtspunkt* $\mathbf{WGP_{xy}}(+)$ repräsentiert viel elektrostatische Energie. Daher ist der y-Wert von $\mathbf{WGP_{xy}}(+)$ groß und der z-Wert klein. Der *Wellenlängen-Gleichgewichtspunkt* $\mathbf{WGP_{xy}}(-)$ repräsentiert mehr elektrokinetische/magnetische Energie, weshalb der z-Wert groß ist.

Es ist die Frage von Interesse, wo *Gleichgewichtspunkte* in einem neutralen rechtwinkligen x-y-z-Koordinatensystem zu verorten sind. Um Verwechslungen vorzubeugen, werden Koordinaten des neutralen rechtwinkligen x-y-z-Koordinatensystems mit dem Index „neutral" versehen, also: $\mathbf{x_{neutral}}$, $\mathbf{y_{neutral}}$, $\mathbf{z_{neutral}}$. Die Koordinaten des x-y-z-Schwingungsraums erhalten die Tiefersetzung „SR", also: $\mathbf{x_{SR}}$, $\mathbf{y_{SR}}$, $\mathbf{z_{SR}}$, und die der x-y-Schwingungsebene die Tiefersetzung „SE", also: $\mathbf{x_{SE}}$, $\mathbf{y_{SE}}$, $\mathbf{z_{SE}}$.

Die Energiemenge einer Wellenlänge ist insgesamt zwar konstant, jedoch teilt diese sich auf in elektrostatische und in elektrokinetische (= magnetische) Energie (siehe Abschnitte 4 und 5.5.1 und insbesondere Grafik 5). Soll ein *Gleichgewichtspunkt* die zu repräsentierenden Elementarladungen bezüglich deren Energien ersetzen, so sind die Energieanteile entsprechend zu berücksichtigen. In den Extremwerten und den Nulldurchgängen sind die Energieverteilungen bekannt: Im Wellenmaximum der x-y-Schwingungsebene beträgt die elektrostatische Energie 100 %, denn dort gibt es keine elektrokinetische (= magnetische) Energie. Im x-y-Wellenminimum ist es andersherum, die elektrostatische Energie beträgt 0 % und die elektrokinetische (= magnetische) Energie 100 %. In den Nulldurchgängen sind beide Energieformen gleich groß.

In Grafik 9 sind die *Gesamt-Gleichgewichtspunkte* **GGP** für eine elektromagnetische Welle mit einer Wellenlänge, für eine mit zwei und für eine mit drei Wellenlängen, in einem neutralen rechtwinkligen $\mathbf{x}_{\mathbf{neutral}}$, $\mathbf{y}_{\mathbf{neutral}}$, $\mathbf{z}_{\mathbf{neutral}}$-Koordinatensystem eingetragen. Die zweiperiodische elektromagnetische Welle hat doppelt so viel Energie und Elementarladungen wie die einperiodische. D. h., dieser **GGP** repräsentiert die doppelte Anzahl an Elementarladungen und die doppelte Energiemenge. Daher ist es folgerichtig, wenn sich für diesen **GGP** die $\mathbf{y}_{\mathbf{neutral}}$- und $\mathbf{z}_{\mathbf{neutral}}$-Werte verdoppeln. Bei dreifacher Wellenlänge sind diese Werte dreimal höher.

Grafik 9

Gesamt-Gleichgewichtspunkte **GGP** für
elektromagnetische Wellen mit
- einer Wellenlänge
- zwei Wellenlängen
- drei Wellenlängen

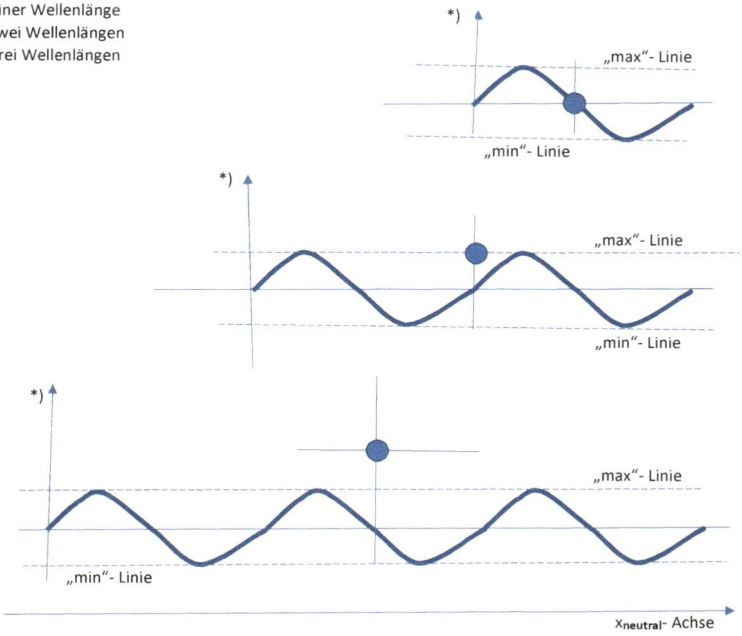

*) $y_{neutral}$- bzw. $z_{neutral}$- Achse

- *Es wird auf die Anmerkung in Abschnitt 5.5.1 hingewiesen, wonach Anzahl Elementarladungen, elektrische Ladung, räumliche Ausdehnung und Potenzialwert synonym betrachtet werden können. Und wegen der multiplikativen Abhängigkeit elektrischer Energie von elektrischer Ladung (Formeln (16a) bzw. (23b)) gilt dies auch für die elektrische Energie.*
- *Die Extremwerte der x-y- Schwingungsebene und der x-z- Ebene sind bzgl. der Hauptausbreitungsrichtung um eine halbe Wellenlänge verschoben.*

Es mutet seltsam an, dass der *Gesamt-Gleichgewichtspunkt* **GGP** bei zwei und drei (und mehr) Wellenlängen von der elektromagnetischen Welle entfernt liegt, wo dieser doch diese repräsentieren soll. In Grafik 9a werden die Sinuskurven so verschoben, dass die jeweiligen *Gesamt-Gleichgewichtspunkte* **GGP** mittig liegen.

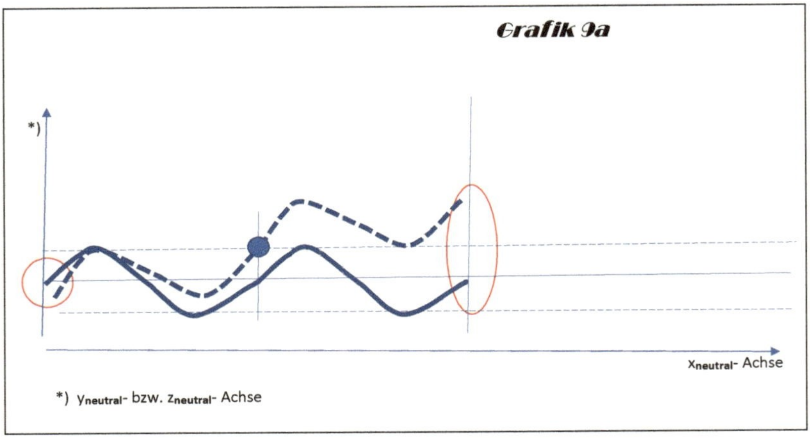

Der durch den *Gesamt-Gleichgewichtspunkt* **GGP** führende Verlauf der zweiperiodischen Welle hat zur Folge, dass – siehe rote Markierungen – die Projektion der Welle auf die $x_{neutral}$-Achse kürzer, die Projektionen auf die $y_{neutral}$- bzw. $z_{neutral}$-Achse größer ausfallen als im unkorrigierten Kurvenverlauf der Grafik 9. Die Unterschiede nehmen mit größer werdender Amplitude zu (Grafik 9b):

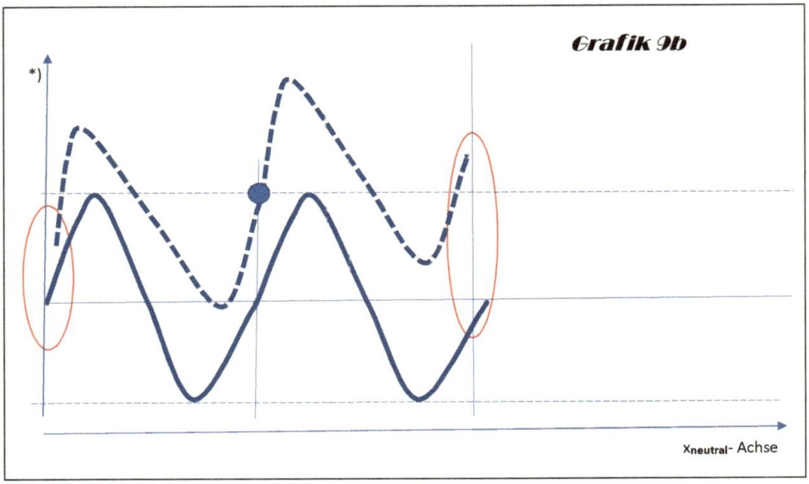

Ein *Gleichgewichtspunkt* bildet die Wirkung einer bestimmten Elementarladungsansammlung ab, ist selbst jedoch lediglich eine theoretische Größe. Wie sich die verschiedenen *Gleichgewichtspunkte* untereinander verhalten, wird an einem Beispiel betrachtet: Die in Grafik 8 eingetragene Ladung $\mathbf{Q_{2a}}$ befindet sich am Ort des *Wellenlängen-Gleichgewichtspunkts* **WGPxy(+)** und repräsentiert somit die Elementarladungen oberhalb des Nulldurchgangs. $\mathbf{Q_{2b}}$ befindet sich am Ort des *Wellenlängen-Gleichgewichtspunkts* $\mathbf{WGP_{xy}(-)}$ und repräsentiert somit die Elementarladungen unterhalb des Nulldurchgangs. $\mathbf{Q_{GGP}}$ repräsentiert als *Gesamt-Gleichgewichtspunkt* alle Elementarladungen der elektromagnetischen Welle.

$\mathbf{WGP_{xy}(+)}$ ist deutlich größer als $\mathbf{WGP_{xy}(-)}$, weshalb Fall 1.2 in Tabelle 4 gegeben ist. D. h., die kinetische Energie $\mathbf{N_{elkinQ2a}}$ ist größer als die kinetische Energie $\mathbf{N_{elkinQ2b}}$ mit der Folge, dass $\mathbf{Q_{2a}}$, also $\mathbf{WGP_{xy}(+)}$, mehr an elektrostatischer Energie zunimmt als $\mathbf{Q_{2b}}$, also $\mathbf{WGP_{xy}(-)}$:

$$(32) \quad \mathbf{N_{elstatR2aneutEnde} - N_{elstatR2atAnfang} > N_{elstatR2bneutEnde} - N_{elstatR2btAnfang}}$$

Der *Wellenlängen-Gleichgewichtspunkt* $\mathbf{WGP_{xy}(+)}$ verlagert sich in der x-y-Schwingungsebene mehr als der *Wellenlängen-Gleichgewichtspunkt* $\mathbf{WGP_{xy}(-)}$. Wie erklärt sich dann, dass sich an der Sinusform der elektromagnetischen Welle (Frequenz, Amplitude) nichts ändert? Die Erklärung ist:

Bezogen auf ein rechtwinkliges x-y-z-Koordinatensystem ist die x-y-Schwingungsebene der elektromagnetischen Welle gekrümmt.

Anmerkung

Mit x-y-Schwingungsebene ist die Fläche gemeint, auf der die elektrostatischen Wellenberge und -täler aller Wellenlängen einer elektromagnetischen Welle liegen. Eine Betrachtung der elektrokinetischen/magnetischen Wellenberge und -täler in der x-z-Ebene ergibt, dass diese Ebene gegenüber dem rechtwinkligen x-y-z-Koordinatensystem ebenfalls gekrümmt ist, denn in dieser Ebene dominieren die elektrokinetischen/magnetischen Wellenberge die Lage der Gleichgewichtspunkte.

5.5.5 Wenn die Anzahl an Wellenlängen zunimmt

Grafik 8 zeigt drei Raumpunkte mit den elektrischen Ladungen $\mathbf{Q_{2a}}$, $\mathbf{Q_{2b}}$ und $\mathbf{Q_{GLGP}}$. Wenn $\mathbf{Q_{2b}}$ die erste Elementarladungsansammlung einer elektromagnetischen Welle in Ausbreitungsrichtung ist, dann gibt es keine elektrische Ladung $\mathbf{Q_{2a}}$, oder anders ausgedrückt: $\mathbf{Q_{2a} = 0}$.

Mit $\mathbf{Q_{2a} = 0}$ wird aus Formel (31) die Formel (31f):

$$\mathbf{(31)}\quad \mathbf{Q_{2a} \times Q_{2b} / (4 \times \pi \times \varepsilon \times r_{2a2b}) = Q_{2a} \times Q_{GGP} / (4 \times \pi \times \varepsilon \times r_{2aneu}{}^2) \times \Delta r_{2a} \times (\Delta r_{2a} / r_{2aneu} - ½) + {} + Q_{2b} \times Q_{GGP} / (4 \times \pi \times \varepsilon \times r_{2bneu}{}^2) \times \Delta r_{2b} \times (\Delta r_{2b} / r_{2bneu} - ½)}$$

$$\mathbf{(31f)}\quad \mathbf{0 = Q_{2b} \times Q_{GGP} / (4 \times \pi \times \varepsilon \times r_{2bneu}{}^2) \times \Delta r_{2b} \times (\Delta r_{2b} / r_{2bneu} - ½)}$$

Formel (31f) geht auf, wenn gilt:

$$\mathbf{(31g)}\quad \mathbf{0 = \Delta r_{2b} / r_{2bneu} - ½} \qquad \textbf{oder} \qquad \mathbf{(31h)}\quad \mathbf{2 \times r_{2bneu} = \Delta r_{2b}}$$

Nun gibt es zu dem Zeitpunkt, in dem es nur die erste Elementarladungsansammlung $\mathbf{Q_{2b}}$ gibt, noch gar keinen *Gesamt-Gleichgewichtspunkt* **GGP** mit einer elektrischen Ladung $\mathbf{Q_{GGP}}$, bzw. $\mathbf{Q_{GGP}}$ und $\mathbf{Q_{2b}}$ fallen zusammen. Dann ist $\mathbf{r_{2b} = 0}$ (siehe Grafik 8). Erst mit einer weiteren elektrischen Ladung $\mathbf{Q_x}$ kann von einem individuellen *Gesamt-Gleichgewichtspunkt* **GGP** mit einer elektrischen Ladung $\mathbf{Q_{GGP}}$ gesprochen werden. Dieser liegt dann in der Mitte zwischen den beiden elektrischen Ladungen. Mit jeder weiteren Elementarladung wird der Abstand $\mathbf{r_{2b}}$ zwischen dem (neuen) *Gesamt-Gleichgewichtspunkt* **GGP** und $\mathbf{Q_{2b}}$ größer. Mit jeder hinzukommenden Elementarladung wächst auch $\mathbf{Q_{GGP}}$ und es entsteht neue elektrokinetische/magnetische Energie, die die elektrostatische Energie $\mathbf{N}_{\mathbf{elstatR2btAnfang}}$ der ersten Elementarladungsansammlung $\mathbf{Q}_{\mathbf{2b}}$ auf das neue elektrostatische Energieniveau $\mathbf{N}_{\mathbf{elstatR2bneutEnde}}$ anhebt. Die Zunahme bei $\mathbf{Q}_{\mathbf{GGP}}$ konzentriert sich nicht allein auf $\mathbf{Q}_{\mathbf{2b}}$, sondern ist auf alle Elementarladungen/Elementarladungsansammlungen aufzuteilen. Die Entfernung $\mathbf{r}_{\mathbf{2b}}$ zwischen $\mathbf{Q}_{\mathbf{GGP}}$ und $\mathbf{Q}_{\mathbf{2b}}$ steigt konstant an, während der Anteil am Energiezuwachs für $\mathbf{Q}_{\mathbf{2b}}$ ständig abnimmt. Wie wirkt sich das aus?

Elektrostatische Energie ist vorhanden, wenn es zwischen zwei elektrischen Ladungen einen Abstand gibt (siehe Abschnitt 5.3). Drei und mehr elektrische Ladungen hegen sich gegenseitig ein, Stichwort „Anti-Coulombkraft“ (siehe Abschnitt 5.5.3). Aufgrund der Größe dominiert die elektrische Ladung $\mathbf{Q}_{\mathbf{GGP}}$ des *Gesamt-Gleichgewichtspunkts* **GGP** sämtliche Ladungsansammlungen einer elektromagnetischen Welle und zwingt derselben einen gekrümmten Ausbreitungsverlauf auf. Mit hinzukommenden Wellenlängen wächst $\mathbf{Q}_{\mathbf{GGP}}$ immer weiter, wobei der Ausbreitungsverlauf immer krummer wird. Dabei entfernt sich der Anfang der elektromagnetischen Welle immer weiter von $\mathbf{Q}_{\mathbf{GGP}}$. Potenzialunterschiede innerhalb der elektromagnetischen Welle gibt es nach wie vor. Ist in Grafik 8 $\mathbf{Q}_{\mathbf{2b}}$ die anfängliche und $\mathbf{Q}_{\mathbf{2a}}$ die nachfolgende Elementarladungsansammlung, so stoßen diese sich nach dem Coulombgesetz ab. Durch den geringer werdenden Einfluss von $\mathbf{Q}_{\mathbf{GGP}}$ wird die einhegende „Anti-Coulombkraft“ kleiner und kann der zwischen $\mathbf{Q}_{\mathbf{2a}}$ und $\mathbf{Q}_{\mathbf{2b}}$ bestehenden Coulombkraft nicht mehr entgegenwirken. Wenn auch die Zunahme immer geringer geworden ist, so haben die absoluten Beträge der elektrostatischen Energien $\mathbf{N}_{\mathbf{elstatR2a}}$ und $\mathbf{N}_{\mathbf{elstatR2b}}$ dennoch zugenommen. Elektrostatische Energie gibt es nur in der (gekrümmten) x-y-Schwingungsebene. Die Coulombkraft sorgt für die Umwandlung der elektrostatischen Energie in elektrokinetische/magnetische Energie im x-y-z-Schwingungsraum. Die Folge: Wird $\mathbf{\Delta r}_{\mathbf{2b}} > \mathbf{2} \times \mathbf{r}_{\mathbf{2bneu}}$, löst sich $\mathbf{Q}_{\mathbf{2b}}$ von der elektromagnetischen Welle.

Das Unabhängigwerden von $\mathbf{Q}_{\mathbf{2b}}$ kann als Beginn einer neuen elektromagnetischen Welle verstanden werden, denn der Vorgang wie für $\mathbf{Q}_{\mathbf{2b}}$ hört ja nicht auf, solange die elektromagnetische Ur-Welle selbst neue Wellenlängen angeheftet bekommt und somit weiter wächst und damit der *Gesamt-Gleichgewichtspunkt* **GGP** erstwellenintern keinen relativen Ruhepunkt findet. Es wird geschlussfolgert, dass elektromagnetische Wellen eine maximale Anzahl an Wellenlängen besitzen können, denn wird die Anzahl überschritten, bildet sich eine neue elektromagnetische Welle – mit einem kleineren Krümmungswert. Bekommt die Erst-Welle keinen Wellenlängennachschub mehr, ändert sich der *Gesamt-Gleichgewichtspunkt* **GGP** innerhalb dieser nicht mehr und das Freisetzen von Elementarladungen hört auf. Die nicht mehr wachsende Erst-Welle und die bis dahin entstandene Zweit-Welle sind in sich stabil und „leben" weiter.

5.5.6 Wie krumm kann die elektromagnetische Welle werden?

Elektromagnetische Wellen gibt es, solange es weder zu elektrischen Überschlägen innerhalb der elektromagnetischen Welle noch zu Störungen von außen kommt. Zu elektrischen Überschlägen kommt es, wenn die Durchschlagfestigkeit $\mathbf{V}_D$ nicht ausreicht, um die elektrostatischen Verhältnisse innerhalb der elektromagnetischen Welle aufrechtzuerhalten (siehe Abschnitt 3.1). Im Labor können Amplitude und Frequenz einer elektromagnetischen Welle erhöht werden, in der Natur nicht. D. h., alle in der Natur vorkommenden elektromagnetischen Wellen halten das Kriterium der Durchschlagfestigkeit $\mathbf{V}_D$ ein. Das bedeutet, dass keine elektromagnetische Welle bei einer anderen elektromagnetischen Welle einen elektrischen Überschlag auslösen kann. Denn eine Addition von elektromagnetischen Feldstärken, jeweils kleiner als die Durchschlagfestigkeit $\mathbf{V}_D$, kann keine elektrische Feldstärke ergeben, die größer ist als die Durchschlagfestigkeit $\mathbf{V}_D$. Dennoch gibt es Effekte, die eine elektromagnetische Welle verändern.

Die elektrische Ladung $\mathbf{Q}_{GGP}$ des *Gesamt-Gleichgewichtspunkts* **GGP** wächst mit jeder hinzukommenden Wellenlänge. Entsprechend Formel (1a) wächst damit auch die elektrische Feldstärke $\mathbf{E}_{\mathbf{GGP}}$ des *Gesamt-Gleichgewichtspunkts* **GGP**. Gemäß den Formeln (28) und (28a), siehe Abschnitt 5.5.3, wachsen die elektrostatischen Energien $\mathbf{N}_{\mathbf{elstatR2atAnfng}}$ und $\mathbf{N}_{\mathbf{elstatR2btAnfng}}$ der Ladungen $\mathbf{Q}_{\mathbf{2a}}$ und $\mathbf{Q}_{\mathbf{2b}}$ mit.

In Abschnitt 5.5.5 wird der Fall betrachtet, dass sich $\mathbf{Q}_{\mathbf{2b}}$ am Anfang der elektromagnetischen Welle befindet und es $\mathbf{Q}_{\mathbf{2a}}$ nicht gibt. D.h., der einhegende Einfluss der „Anti-Coulombkraft" ist, falls überhaupt vorhanden, gering. In diesem Abschnitt wird betrachtet, wenn sich $\mathbf{Q}_{\mathbf{2a}}$ und $\mathbf{Q}_{\mathbf{2b}}$ „mittendrin" in der elektromagnetischen Welle befinden. D.h., es herrschen Verhältnisse vor, dass die „Anti-Coulombkraft" groß genug ist, um der Coulombkraft Paroli bieten zu können. Aber was passiert, wenn die „Anti-Coulombkraft" immer stärker wird?

Wird die elektrische Feldstärke $\mathbf{E}_{\mathbf{GLGP}}$ des *Gesamt-Gleichgewichtspunkts* **GGP** so groß wie die Durchschlagfestigkeit $\mathbf{V}_{\mathbf{D}}$, kommt es zu einem elektrischen Überschlag, bei dem der elektrischen Ladung $\mathbf{Q}_{\mathbf{GGP}}$ Elementarladungen verloren gehen, weil diese sich in Masse umwandeln (siehe Abschnitt 3). Entsprechend Formel (31) bewirkt das Schrumpfen von $\mathbf{Q}_{\mathbf{GGP}}$ die Verkleinerung der elektrokinetischen/magnetischen Energien $\mathbf{N}_{\mathbf{elkinQ2a}}$ und $\mathbf{N}_{\mathbf{elkinQ2b}}$. Das hat zur Folge, dass sich für $\mathbf{Q}_{\mathbf{2a}}$ und $\mathbf{Q}_{\mathbf{2b}}$ die jeweilige Flugbahn ändert.

Hatte in Abschnitt 5.5.5 das Größerwerden von $\mathbf{Q}_{\mathbf{GGP}}$ durch hinzukommende Wellenlängen eine zunehmende Krümmung zur Folge, so bewirkt die Verkleinerung von $\mathbf{Q}_{\mathbf{GGP}}$ durch Massebildung, dass die Krümmung wieder abnimmt. Die x-y-Schwingungsebene der elektromagnetischen Welle kann somit so krumm werden, bis es zur Massebildung kommt. Beide Ereignisse,

– Zunahme von $\mathbf{Q}_{\mathbf{GGP}}$ bis zur Massebildung und
– Abnahme von $\mathbf{Q}_{\mathbf{GGP}}$ durch Massebildung,

verändern den Verlauf der elektromagnetischen Welle.

Befinden sich Coulombkraft und „Anti-Coulombkraft" im Gleichgewicht, weil keine Elementarladungen hinzukommen und die Massebildung noch nicht eingesetzt hat, verhalten sich die Elementarladungen innerhalb der elektromagnetischen Welle nach den Regeln von Durchflutungs- und Induktionsgesetz und die Krümmung der elektromagnetischen Welle bleibt konstant.

5.5.7 Gegensätzlich polarisierte elektrische Ladung?

Vorstehend sind die Entwicklungen am Anfang bzw. mittendrin in der elektromagnetischen Welle betrachtet worden. Passiert auch etwas am Ende der elektromagnetischen Welle?

Solange Wellenlängen hinzukommen, hat eine elektromagnetische Welle kein definiertes Ende. Versiegt die Wellenlängen-Quelle, dann bildet sich ein Ende heraus:

Jede hinzukommende Wellenlänge erhöht den Betrag von $\mathbf{Q_{GGP}}$ und rückt den relativen Mittelpunkt entgegen der Ausbreitungsrichtung in der x-y-Schwingungsebene eine halbe Wellenlänge zurück. Endet der Zuwachs in einem Wellental, ist der Energiezuwachs für den *Gesamt-Gleichgewichtspunkt* **GGP** minimal. Zwar verschiebt sich **GGP** auch in diesem Fall nach hinten (und auch etwas in die y- und z-Richtung), aber nicht in dem Maße, wie es erforderlich wäre, um die ankommenden Elementarladungen an die elektromagnetische Welle anzubinden.

Der Vorgang lässt sich wie folgt beschreiben (siehe Abschnitt 5.5.3):

Formel (31a) gilt auch hier, mit $\mathbf{Q_{2b}}$ als wahllos herausgegriffener individueller Ladung der elektromagnetischen Welle, $\mathbf{Q_{2a}}$ als „letzter" Ladung, die noch unstrittig zur elektromagnetischen Welle gehört, sowie $\mathbf{Q_{GGP}}$. $\mathbf{\Delta r_{2a}}$ ist negativ (siehe Grafik 8), denn der Abstand zwischen $\mathbf{Q_{2a}}$ und $\mathbf{Q_{GGP}}$ wird kleiner, womit der Term $(\mathbf{\Delta r_{2a}/r_{2aneu}} - \mathbf{1/2})$ in Formel (31a) negativ wird. D. h., die kinetische Energie $\mathbf{N_{elkinQ2a}}$ wird negativ, was bedeutet, dass sich $\mathbf{Q_{2a}}$ mit und nicht – wie am Anfang der Welle – entgegen der Ausbreitungsrichtung der elektromagnetischen Welle bewegt. Kann daher nicht von einer positiven Ladung gesprochen werden? Hätte $\mathbf{Q_{2a}}$ eine umgekehrte Polarität, wäre gemäß Formel (29c) $\mathbf{N_{elkinQ2a}}$ grundsätzlich negativ, aber weiterhin positiv, wenn der Term $(\mathbf{\Delta r_{2a}/r_{2aneu}} - \mathbf{1/2})$ negativ wäre.

$$(29c)\ \mathbf{N}_{elkinQ2a} = \mathbf{Q}_{2a} \times \mathbf{Q}_{GGP} / (4 \times \pi \times \varepsilon \times \mathbf{r}_{2aneu}{}^{2}) \times \Delta\mathbf{r}_{2aneu} \times (\Delta\mathbf{r}_{2a}/\mathbf{r}_{2aneu} - \tfrac{1}{2})$$

Es gibt die folgenden Fälle:

1. $\mathbf{Q}_{2a}$ und $\mathbf{Q}_{GGP}$ haben die gleiche Polarität, der Term $(\Delta\mathbf{r}_{2a}/\mathbf{r}_{2aneu} - \tfrac{1}{2})$ ist positiv
   $\Rightarrow$ es tritt die erwartete Wirkung ein; es besteht kein Anlass, von einer gegensätzlichen Ladung zu sprechen

2. $\mathbf{Q}_{2a}$ und $\mathbf{Q}_{GGP}$ haben die gleiche Polarität, der Term $(\Delta\mathbf{r}_{2a}/\mathbf{r}_{2aneu} - \tfrac{1}{2})$ ist negativ
   $\Rightarrow$ obwohl $\mathbf{Q}_{2a}$ und $\mathbf{Q}_{GGP}$ die gleiche Polarität haben, entsteht eine Wirkung, als ob eine gegensätzliche Polarisierung geeben wäre

3. $\mathbf{Q}_{2a}$ und $\mathbf{Q}_{GGP}$ haben gegensätzliche Polaritäten, der Term $(\Delta\mathbf{r}_{2a}/\mathbf{r}_{2aneu} - \tfrac{1}{2})$ ist positiv
   $\Rightarrow$ es tritt die für gegensätzliche Polarisierungen erwartete Wirkung ein

4. $\mathbf{Q}_{2a}$ und $\mathbf{Q}_{GGP}$ haben gegensätzliche Polaritäten, der Term $(\Delta\mathbf{r}_{2a}/\mathbf{r}_{2aneu} - \tfrac{1}{2})$ ist negativ
   $\Rightarrow$ die Wirkung ist so, als ob gleiche Polarisierungen gegeben wären

Der Fall 1 entspricht den Erwartungen und muss daher nicht weiter betrachtet werden. Der Fall 2 tritt ein, wenn gilt: $\mathbf{r}_{2aneu} > 2 \times \Delta\mathbf{r}_{2a}$. Dies ist genau das Kriterium, das für die anfängliche Elementarladung erfüllt sein muss, um sich von der elektromagnetischen Welle zu trennen (siehe Abschnitt 5.5.5). Elementarladungen am Ende der elektromagnetischen Welle trennen sich also genauso von dieser, wie das am Anfang der Welle der Fall ist, nur in die entgegengesetzte Richtung.

In Fall 3 erfolgt ebenfalls eine Trennung (weil $\mathbf{N}_{\mathbf{elkinQ2a}}$ nach Formel (29c) negativ ist). Es stellt sich jedoch die Frage, wo eine gegensätzlich polarisierte Ladung $\mathbf{Q}_{2a}$ herkommen soll, denn diese kommt ja aus der Wellenlängen-Quelle, die nur gleichpolarisierte Ladungen ausstößt. Der Fall 3 und ebenso der Fall 4 werden deshalb als irrelevant angesehen.

Bleibt Fall 2 übrig, in dem die Ladung zwar nicht anders polarisiert ist, die Wirkung aber so ist, als ob es sich um eine gegensätzliche Polarisierung handeln würde.

$(\mathbf{\Delta r}_{2a}/\mathbf{r}_{2aneu} - ½)$ negativ bedeutet, dass die „Anti-Coulombkraft" die elektrische Ladung $\mathbf{Q}_{2a}$ nicht mehr an die elektromagnetische Welle zu binden vermag, weil die Coulombkraft zu stark geworden ist. Die elektrische Ladung $\mathbf{Q}_{2a}$ bewegt sich entgegen der Ausbreitungsrichtung der elektromagnetischen Welle. Das hat die Wirkung, als ob eine gegensätzlich gepolte elektrische Ladung $(-\mathbf{1}) \times \mathbf{Q}_{2a}$ von der Coulombkraft angezogen werden würde.

6 Massenwachstum

In Abschnitt 3.1 wird gezeigt, dass es bei zu hohen Frequenzen sowie bei zu großen Amplituden zu elektrischen Überschlägen innerhalb elektromagnetischer Wellen kommt. Bleiben Frequenz und Amplitude unterhalb der kritischen Werte, sodass die Durchschlagfestigkeit $\mathbf{V_D}$ des Vakuums nicht überschritten wird, sind interne elektrische Überschläge nicht möglich. Auch das punktuelle Zusammentreffen von elektromagnetischen Wellen führt nicht zu elektrischen Überschlägen.

Begründung

Abgeleitet aus Formel (24), siehe Abschnitt 5.5.1, errechnet sich die elektrische Spannung **U** wie folgt:

$$\textbf{(24c)} \quad \mathbf{U = E \times d}$$

Die elektrische Spannung ist auch als Potenzialdifferenz definiert:

$$\textbf{(33)} \quad \mathbf{U = P_A - P_B}$$

Jeder Raumpunkt besitzt genau ein elektrisches Potenzial. Berühren sich im Raumpunkt B zwei elektromagnetische Wellen, so ist dort deren Potenzialwert $\mathbf{P_B}$ identisch. Die Potenzialdifferenz $\mathbf{P_{max1} - P_B}$ zwischen dem Maximalpotenzial $\mathbf{P_{max1}}$ und $\mathbf{P_B}$ der ersten elektromagnetischen Welle dividiert durch deren räumlichen Abstand $\mathbf{r_1}$ ist kleiner als $\mathbf{V_D}$, ansonsten wäre es schon zu einem welleninternen elektrischen Überschlag gekommen. Genauso verhält es sich bei der zweiten elektromagnetischen Welle:

$$\textbf{(33a)} \quad \mathbf{(P_{max1} - P_B)/r_1 = E_{max1} < V_D}$$
$$\textbf{(33b)} \quad \mathbf{(P_{max2} - P_B)/r_2 = E_{max2} < V_D}$$

Vektorell aufsummiert ergibt sich:

(33c) $\mathbf{E_{max1} + E_{max2} < 2 \times V_D}$

Für einen elektrischen Überschlag müsste die Summe der elektrischen Feldstärken $\mathbf{E_{max1}}$ und $\mathbf{E_{max2}}$ größer als die doppelte Durchschlagfestigkeit $\mathbf{V_D}$ sein. Da dies nicht der Fall ist, fällt das Zusammentreffen elektromagnetischer Wellen als Ursache für elektrische Überschläge aus. Und nun?

Nach wie vor gilt: Für einen elektrischen Überschlag muss die elektrische Feldstärke $\mathbf{E_{Über}}$ größer als die Durchschlagfestigkeit $\mathbf{V_D}$ sein:

(34) $\mathbf{E_{Über} > V_D}$

$\mathbf{E_{Über}}$ elektrische Feldstärke, die betragsmäßig größer als die Durchschlagfestigkeit des Vakuums $\mathbf{V_D}$ ist

Die elektrische Feldstärke steigt mit der elektrischen Ladung $\mathbf{Q}$ (Formel (1a), siehe Abschnitt 2.1):

(1a) $\mathbf{E = Q / (4 \times \pi \times \varepsilon \times r^2)}$

Eine elektrisch geladene Kondensatorplatte ist ein Beispiel dafür, dass Massen elektrische Ladungen $\mathbf{Q}$ besitzen können. Weil Massen sich mit deutlich geringeren Geschwindigkeiten fortbewegen, wirken sie auf elektromagnetische Wellen wie ein Prellblock bei der Eisenbahn. Läuft eine elektromagnetische Welle auf eine Masse mit einer genügend großen elektrischen Ladung $\mathbf{Q}$ auf, wird bei Unterschreitung eines Mindestabstands die elektrische Feldstärke größer als die Durchschlagfestigkeit $\mathbf{V_D}$ des Vakuums und es kommt zu einem elektrischen Überschlag.

Bei einem elektrischen Überschlag entsteht zusätzliche Masse (siehe Abschnitt 3.3), die auch das Volumen der Masse vergrößert. Damit wächst die Wahrscheinlichkeit, weiteren elektromagnetischen Wellen im Wege zu stehen. So kommt es zu immer mehr elektrischen Überschlägen mit der Folge, dass die Masse wächst und wächst.

7 Energiespeicher und Energieumwandlungen

In Abschnitt 6 ist beschrieben, wie Masse durch elektrische Überschläge immer mehr wird. Bloß braucht es dazu eine Anfangsmasse, die dann wachsen kann. Wie kommt es zur Anfangsmasse? Es wird die These aufgestellt, dass es grundsätzlich drei Energiespeicher gibt:

1. **Energiespeicher „elektromagnetische Wellen“**
   (in Grafik 10 und in Tabelle 5 mit ❶ gekennzeichnet)

Elektromagnetische Wellen enthalten elektrostatische und elektrokinetische/magnetische Energie. Elektromagnetische Wellen befinden sich nach den Gesetzen der Durchflutung und Induktion in einer ständigen internen Umwandlung von elektrostatischer in elektrokinetische/magnetische Energie und umgekehrt. Ohne Störung sind elektromagnetische Wellen stabil. Elektromagnetische Wellen breiten sich mit Lichtgeschwindigkeit aus.

2. **Energiespeicher „Masse“**
   (in Grafik 10 und in Tabelle 5 mit ⊛ bzw. ⊛ gekennzeichnet)

Zwei Massen mit Abstand ist potenzielle Energie (siehe Abschnitt 5.3). Masse bewegt sich ungleich langsamer fort als elektromagnetische Wellen. Aufgrund der langsameren Fortbewegung kommt es zu Annäherungen mit elektromagnetischen Wellen und „freien Elementarladungen“. Dabei können, da Masse elektrisches Potenzial hat, elektrische Feldstärken entstehen, die stärker als die Durchschlagfestigkeit des Vakuums $\mathbf{V}_D$ sind. Dann kommt es zu elektrischen Überschlägen mit zusätzlicher Massebildung und der Zunahme potenzieller Energie.

3. **Energiespeicher „freie Elementarladungen“**
   (in Grafik 10 und in Tabelle 5 mit ❷ gekennzeichnet)

In den Abschnitten 5.5.6 und 5.5.7 ist beschrieben, dass sich am Anfang einer elektromagnetischen Welle positionierte Elementarladungen von dieser lösen oder dass Elementarladungen am Ende der elektromagnetischen Welle sich nicht von dieser einfangen lassen. Diese Elementarladungen besitzen viel elektrostatische sowie elektrokinetische/magnetische Energie, die sie unabhängig von elektromagnetischen Wellen und Massen macht. Dennoch wirken Coulomb- und „Anti-Coulombkräfte“ der elektrischen Ladungen von elektromagnetischen Wellen und Massen auf diese ein, aber binden oder einfangen lassen sich „freie Elementarladungen“ nicht.

Grafik 10 zeigt eine prinzipielle Darstellung der Energiespeicher und der Energieumwandlungen; wie die Energieumwandlungen vor sich gehen, ist in Tabelle 5 beschrieben:

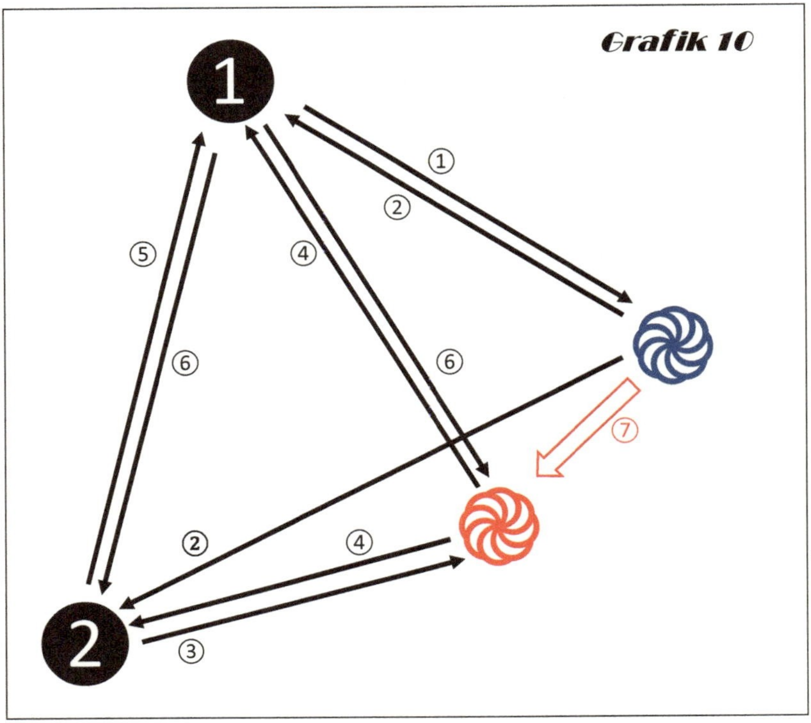

❶	**Energie in elektromagnetischen Wellen**	Ausbreitung von ❶ in Lichtgeschwindigkeit
	Energie in Masse	und stellen jeweils Massen dar; Masse besitzt elektrisches Potenzial und räumliche Ausdehnung; die Geschwindigkeit von bzw. ist kleiner als Lichtgeschwindigkeit („Prellbock“)
❷	**Energie in „freien Elementarladungen“**	„Freie Elementarladungen“ ❷ haben weder Bindung an elektromagnetische Wellen ❶ noch an Masse oder ; Ausbreitung von ❷ in Lichtgeschwindigkeit
①	**Energieumwandlung ❶ nach**	Elektromagnetische Welle ❶ läuft auf „Prellbock“-Masse auf (siehe Abschnitt 6) ⇒ elektrischer Überschlag, wenn es zu elektrischen Feldstärken größer der Durchschlagfestigkeit V_D des Vakuums kommt, was möglich ist, denn für die Potenzialdifferenz gibt es keine Beschränkung ⇒ Masse- und Raumzunahme bei ⇒ Wahrscheinlichkeit für weiteres Auflaufen nimmt zu ⇒ Masse wächst durch weitere Überschläge weiter
②	**Nachfolgeeffekt von ①: Entstehung neuer Energie der Energieformen ❶ bzw. ❷**	Beim elektrischen Überschlag verbleibende elektrische Restfeldstärke $E_{Über} - V_D$ reicht für weitere elektrische Überschläge mit Massebildung nicht aus ⇒ Abstrahlung (*eigentlich das „Nichtmitkommen“ von*) als neu entstandene elektromagnetische Welle ❶ dadurch, dass Elementarladungen auf andere elektrische Potenzialniveaus gebracht werden (siehe Tabelle 2 zu Grafik 4 in Abschnitt 3.2); das geht so lange, bis die Restfeldstärke $E_{Über} - V_D$ aufgebraucht ist (neu abgestrahlte elektromag. Welle ❶ ist energieärmer als die vorher aufgelaufene elektromag. Welle ❶) Neue Energie für die Energieformen ❶ und ❷ entsteht wie folgt: 1. Die durch Energieumwandlung ① entstandene neu abgestrahlte elektromagnetische Welle ❶ ist erst dann eine elektromagnetische Welle, wenn sich eine Wellenlänge gebildet hat ⇒ Bildung einer Wellenlänge mit *Wellenlängen-Ladungs-Gleichgewichtspunkt* **WGP** (siehe Abschnitt 5.5.2) ⇒ vor Bildung des **WGP** ist die „Anti-Coulombkraft“ (siehe Abschnitte 5.5.3 und 5.5.5) zu gering, um vorgelaufene Elementarladungen an die entstehende neu abgestrahlte elektromagnetische Welle ❶ zu binden ⇒ neue Energie für Energiespeicher ❷ 2. Durchflutungs- und Induktionsgesetz organisieren aus den dem elektrischen Überschlag ① davongekommenen Elementarladungen Wellenlängen; es entsteht eine neue elektromagnetische Welle ❶ ⇒ neue Energie für Energiespeicher ❶
③	**Energieumwandlung ❷ nach**	Wie ①: Auch freie Elementarladungen laufen auf Masse auf; Masse wächst
④	**Nachfolgeeffekt von ③: Entstehung neuer Energie der Energieformen ❶ und ❷**	Wie unter ② beschrieben
⑤	**Energieumwandlung ❷ nach ❶**	Freie Elementarladung ❷ trifft elektromagnetische Welle ❶. Freie Elementarladungen verfügen über ein höheres elektrisches Potenzial als in elektromagnetischen Wellen gebundene Elementarladungen; daher kann es bei einem Zusammentreffen der freien Elementarladungen „Alt-❷“ mit einer elektromagnetischen Welle „Alt-❶“ elektrische Feldstärken größer der Durchschlagfestigkeit V_D des Vakuums geben; es kommt zu einem elektrischen Überschlag

(6)	**Nachfolgeeffekt von (5): Entstehung neuer Energie der Energieformen ❶, ❷ und (bzw.)**	Bei elektrischen Feldstärken größer der Durchschlagfestigkeit $\mathbf{V_D}$ des Vakuums entsteht Masse (bzw.) ⇒ es kommt zur Massebildung aus dem Nichts Bleibt Restfeldstärke $\mathbf{E_{Über}} - \mathbf{V_D}$ übrig, entstehen neue – energieärmere – freie Elementarladungen „Neu-❷"; sollte auch eine neue elektromagnetische Welle „Neu-❶" entstehen, dann eine mit sehr wenig Energie, denn viel Energie ist für die Massebildung und die neuen, energieärmeren freien Elementarladungen benötigt worden. Zu elektrischen Überschlägen kann es auch kommen, wenn zwei freie Elementarladungen aufeinanderstoßen – mit den vorstehend beschriebenen Folgen.
(7)	**„Energiewanderung" von nach**	Die Massen und stellen einen Kondensator dar; die Masse besitzt mehr elektrische Ladungen als die Masse , denn die elektrische Feldstärke ist von blau nach rot gerichtet (siehe Hinweis in Abschnitt 3.2); ist die elektrische Feldstärke zwischen den Massen größer als die Durchschlagfestigkeit $\mathbf{V_D}$ des Vakuums, kommt es zu einem elektrischen Überschlag mit den schon beschriebenen Folgen: – Entstehung neuer Masse – neue elektromagnetische Wellen – neue freie Elementarladungen

Tabelle 5

8 Zusammenfassung

Der Abhandlung liegt die physikalisch anerkannte Tatsache zugrunde, dass es Elementarladungen gibt.

Abschnitt 2 gelangt zu dem Verständnis, dass eine Elementarladung nichts anderes ist als ein elektrischer Potenzialunterschied, der zu gering ist, um die Durchschlagfestigkeit des Vakuums zu überwinden. Wichtige Merkmale der Elementarladung sind:

- der Abstand $\mathbf{r}_{\mathbf{elementar}}$ zwischen den beiden elektrischen Potenzialen, die die Elementarladung bilden,
- der Elementarladungsraum $\mathbf{R}_{\mathbf{elementar}}$ um sich herum, der sicherstellt, dass es nur unter bestimmten Bedingungen zu einem elektrischen Überschlag mit anderen elektrischen Potenzialen kommt.

Abschnitt 3: Die Grundannahme ist, dass es sich bei elektromagnetischen Wellen um Choreografien von Elementarladungen handelt. Den einzelnen Elementarladungen werden unterschiedliche elektrische Potenzialwerte zugestanden, sodass sich eine Sinuskurve ergibt.

Wenn sich zwei Elementarladungen zu nahe kommen, kommt es zu einem elektrischen Überschlag. Ursachen für eine zu große Annäherung innerhalb einer Sinuskurve sind eine zu hohe Frequenz oder eine zu hohe Amplitude. Es ist eine Formel hergeleitet worden, Formel (6a), die beschreibt, unter welchen Bedingungen es innerhalb einer elektromagnetischen Welle zu elektrischen Überschlägen kommt. Tabelle 1 zeigt Ergebnisse.

Der Fall, dass ein elektrischer Überschlag durch ein elektrisches Störpotenzial von außen her verursacht wird, wird in Abschnitt 3.2 betrachtet. In Tabelle 2 zu Grafik 4 sind die sich durch eine von außen kommende Störung ergebenden Folgen für ausgewählte elektrische Potenziale der betroffenen elektromagnetischen Welle aufgeführt. Auswirkungen ergeben sich hinsichtlich der Potenzialbeträge und -richtungen sowie auch hinsichtlich der weiteren Ausbreitungsrichtung. Teils kehren sich zuvor bestehende Gegebenheiten um. Tabelle 3 beinhaltet eine Plausibilitätsüberlegung: Wie groß müssen Störpotenziale sein, um welche Auswirkungen zu haben? Die Ergebnisse scheinen plausibel.

In Abschnitt 3.3 wird hergeleitet, wie eine Masse berechnet werden kann. In Abschnitt 3.4 kommt diese Berechnung zur Abschätzung der kleinsten Masse $\mathbf{M}_{\mathbf{elementar}}$ zur Anwendung. Und in Abschnitt 3.5 wird mit $\mathbf{M}_{\mathbf{elementar}}$ und der berühmten Einstein-Formel der Wert der kleinstmöglichen Energiemenge $\mathbf{N}_{\mathbf{Energieminimal}}$ hochgerechnet.

Abschnitt 4 enthält die erste gewagte These: **Magnetismus ist nichts anderes als sich bewegende Elementarladungen**. Die Bahn, auf der sich eine Elementarladung bewegt, wird mit deren **Elementarmagnetfeldlinie** bezeichnet.

Abschnitt 5 beginnt mit der zweiten gewagten These: **Elektromagnetische Wellen haben Außengrenzen**. Nach dem Energieerhaltungssatz wandelt sich Energie um, geht aber nicht verloren. Wo verbleibt die elektrostatische Energie, wenn diese weniger wird, weil nach Durchflutungs- und Induktionsgesetz gerade elektrokinetische/magnetische Energie gebildet wird? Ohne Außengrenzen ginge elektromagnetischen Wellen Energie verloren.

In Abschnitt 5.5.2 wird eine dritte ungewöhnliche These aufgestellt: **Elektromagnetische Wellen haben Gleichgewichtspunkte**. Ein Ziegelstein hat einen Schwerpunkt, jeder massebehaftete Körper hat einen Schwerpunkt. Bei einem Ziegelstein ist der Schwerpunkt leicht zu ermitteln. Wo aber befindet sich der Schwerpunkt eines Eherings? Das Beispiel Ehering zeigt, dass Schwerpunkte theoretischer Natur sind. Dennoch sind sie bei der Berechnung von Gebäuden von Nutzen. Hinsichtlich elektromagnetischer Wellen tragen Gleichgewichtspunkte zu deren Verstehen bei.

Die vierte gewagte These steht in Abschnitt 5.5.3: **Es gibt eine „Anti-Coulombkraft“**. Die **„Anti-Coulombkraft“** ist nichts anderes als die Coulombkraft. Nur die Umstände sind andere. Die Coulombkraft beschreibt das Verhalten zwischen zwei elektrischen Ladungen. Die **„Anti-Coulombkraft“** tritt auf, wenn es sich um drei und mehr elektrische Ladungen handelt. Und siehe da, das Verhalten von drei elektrischen Ladungen ist konträr anders als das Verhalten von zwei. Der Grund ist, dass Energie nun auf drei Mitspieler aufgeteilt wird. Das bewirkt ein gegenseitiges Einhegen. Eine ewige Auseinanderbewegung wie bei zwei ist bei drei gleichgeladenen elektrischen Ladungen nicht möglich.

Die vier gewagten Thesen münden in die fünfte: **Elektromagnetische Wellen breiten sich gekrümmt aus**. Damit ist das Ziel erreicht: Ursache für die Krümmung von Licht ist die elektromagnetische Wellen-immanente Eigenschaft, sich von selbst gekrümmt zu bewegen, und nicht die Masse.

Es kam zu weiteren, „kollateralen" Erkenntnissen und Thesen:

- **Elektromagnetische Wellen können nicht aus beliebig vielen Wellenlängen bestehen.**
- **Die Krümmung elektromagnetischer Wellen kann nicht über einen Maximalwert hinausgehen, denn dann kommt es wellenintern zu elektrischen Überschlägen.**
- **Gegensätzlich geladene elektrische Ladungen sind „normal" geladene elektrische Ladungen, die sich nur aufgrund der „Anti-Coulombkraft" entgegengesetzt bewegen und dadurch gegensätzlich geladene elektrische Ladungen vortäuschen.**

Nachschlag

I Masse und Materie

Gemäß Abschnitt 5.5.4 breiten sich elektromagnetische Wellen gekrümmt aus. Projiziert man den gekrümmten Verlauf auf die $\mathbf{x}_{\mathbf{rechtwinklig}}$-Achse eines rechtwinkligen Koordinatensystems, so ist die Projektionsstrecke $\boldsymbol{\lambda}_{\mathbf{proj}}$ auf der $\mathbf{x}_{\mathbf{rechtwinklig}}$-Achse kleiner ist als die Wellenlänge $\boldsymbol{\lambda}$ der elektromagnetischen Welle (siehe Grafiken 9a und 9b). Ist die Krümmumg so, dass gilt $\boldsymbol{\lambda}_{\mathbf{proj}} = \boldsymbol{\lambda}/\mathbf{4}$, dann ist die elektromagnetische Welle in einem rechtwinkligen Koordinatensystem ortsfest. Zur Erläuterung werden vier zusammenhängende Wellenlängen einer elektromagnetischen Welle betrachtet; die Erläuterung beginnt mit der vierten, der zeitlich letzten Wellenlänge.

Die Projektion der vierten Wellenlänge $\boldsymbol{\lambda}_{\mathbf{vierte}}$ der gekrümmten elektromagnetischen Welle auf die $\mathbf{x}_{\mathbf{rechtwinklig}}$-Achse des rechtwinkligen Koordinatensystems erreicht den Wert $\mathbf{x}_{\mathbf{rechtwinklig}} = \boldsymbol{\lambda}/\mathbf{4}$, wenn von einem Anfangspunkt $\mathbf{x}_{\mathbf{rechtwinklig}} = \mathbf{0}$ ausgegangen wird. Aufgrund der Krümmung verändert die elektromagnetische Welle im Koordinatenpunkt $\mathbf{x}_{\mathbf{rechtwinklig}} = \boldsymbol{\lambda}/\mathbf{4}$ die Richtung, so dass sich die Projektion der dritten Wellenlänge $\boldsymbol{\lambda}_{\mathbf{dritte}}$ von $\mathbf{x}_{\mathbf{rechtwinklig}} = \boldsymbol{\lambda}/\mathbf{4}$ zurück nach $\mathbf{x}_{\mathbf{rechtwinklig}} = \mathbf{0}$ erstreckt. Die Projektion der zweiten Wellenlänge $\boldsymbol{\lambda}_{\mathbf{zweite}}$ überdeckt die Strecke von $\mathbf{x}_{\mathbf{rechtwinklig}} = \mathbf{0}$ bis nach $\mathbf{x}_{\mathbf{rechtwinklig}} = -\boldsymbol{\lambda}/\mathbf{4}$ und die der ersten Wellenlänge $\boldsymbol{\lambda}_{\mathbf{erste}}$ dann die Strecke von $\mathbf{x}_{\mathbf{rechtwinklig}} = -\boldsymbol{\lambda}/\mathbf{4}$ bis nach $\mathbf{x}_{\mathbf{rechtwinklig}} = \mathbf{0}$. Im Anfangspunkt $\mathbf{x}_{\mathbf{rechtwinklig}} = \mathbf{0}$ berührt der Anfang der Projektion der ersten Wellenlänge $\boldsymbol{\lambda}_{\mathbf{erste}}$ das Ende der Projektion der vierten Wellenlänge $\boldsymbol{\lambda}_{\mathbf{vierte}}$.

Die Energieverhältnisse einer elektromagnetischen Welle werden bestimmt durch a) Frequenz, b) Amplitude und c) der Anzahl der – ganzzahligen – Wellenlängen. Verändern sich die Energieverhältnisse, z. B. aufgrund eines Störpotentials von außen, dann kommt es zu einer von zwei möglichen Entwicklungen:

1. Fall

Die Energie der betrachteten elektromagnetischen Welle nimmt ab. Das für eine Ortsfestigkeit notwendige Abgestimmtsein der physikalischen Größen Energiemenge, Frequenz, Amplitude und Anzahl der Wellenlängen ist mit der Energieänderung nicht mehr gegeben. Hat die Energieverringerung z. B. zur Folge, dass die Wellenlänge größer und damit die Frequenz kleiner wird, so finden, weil die Krümmung geringer geworden ist, im vorgenannten Beispiel Anfang der ersten Wellenlänge und Ende der vierten Wellenlänge nicht mehr zueinander. Statt $\boldsymbol{\lambda}_{\mathbf{proj}} = \boldsymbol{\lambda}/\mathbf{4}$ gilt nun $\boldsymbol{\lambda}_{\mathbf{proj}} > \boldsymbol{\lambda}/\mathbf{4}$, was zur Folge hat, dass sich die elektromagnetische Welle im rechtwinkligen Koordinatensystem in die $\mathbf{x}_{\mathbf{rechtwinklig}}$-Richtung ausbreitet.

2. Fall

Die Energie der betrachteten elektromagnetischen Welle nimmt zu, d. h. die Krümmung nimmt zu. Damit nimmt auch die „Anti-Coulombkraft" zu, was die Krümmung weiter erhöht und zu elektrischen Überschlägen führt. Die in der nunmehr verschwundenen elektromagnetischen Welle vorhanden gewesene Energie wird in Masse umgewandelt. Masse bildet sich portionsweise (siehe Abschnitt 3.4). Die Energiemenge, die nicht mehr für eine weitere „Masse-Portion" ausreicht, wird abgestrahlt. Insgesamt kommt es zu einer Energiekonzentration in Form von Masse nach innen und gleichzeitig zu einer Energieexpansion nach außen.

Die Konzentration nach innen hört auf, wenn Frequenz, Amplitude und geradzahlige Anzahl von Wellenlängen in einem solchen Verhältnis zueinanderstehen, dass die noch vorhandene Energiemenge restlos untergebracht ist. Bei „Ortsfestigkeit" ist dieser Zustand gegeben.

Eine einzelne Elementarladung der ortsfest um sich selbst herumkreisenden elektromagnetischen Welle umrundet das Zentrum/den *Gleichgewichtspunkt* **nicht** auf einer fixen Umlaufbahn. Dies geht wegen der irrationalen Kreiszahl Pi nicht. Die Frage ist, wie es zusammenpasst, dass Ortsfestigkeit aufrecht erhalten bleibt (was die Konsequenz davon ist, dass einerseits das abgestimmte Verhältnis zwischen Frequenz, Amplitude und ganzzahliger Anzahl der Wellenlängen und der Energiemenge unveränderlich ist), andererseits die Umlaufbahn einer einzelnen Elementarladung aber nicht fix ist. Wird die abgestimmte Konstellation durch die andauende Änderung der Umlaufbahn nicht gestört? Nein, wenn sich die einzelne Umlaufbahn „neutral" verändert. Mit „neutral" ist gemeint, dass die Veränderungen der Umlaufbahnen aller Elementarladungen insgesamt so stattfinden, dass keine Außenwirkung entsteht. Eine „Elementarladungs-Wolkenschale" um den *Gleichgewichtspunkt* der elektromagnetischen Welle (siehe Abschnitt 5.5.2) herum könnte das bewirken. These:

Materieteilchen sind nichts anderes als ortsfeste elektromagnetische Wellen.
Materieteilchen verhalten sich nach außen hin in alle Richtungen gleich, wenn von außen dieselben Einflüsse einwirken.

Zwischen „Masse" und „Materieteilchen" ist zu unterscheiden. „Materieteilchen" sind auf engem Raum um sich selbstdrehende elektromagnetische Wellen ohne eigenen Ausbreitungsantrieb. In „Materieteilchen" gibt es wie in jeder elektromagnetischen Welle interne Potentialunterschiede. Bei „Masse" gibt es keinen internen Potentialunterschied – so, wie es auf einer Seite eines elektrischen Kondensators auch keinen elektrischen Potentialunterschied gibt. Denn Potentialunterschiede sind Ursache elektrischer Überschläge, die gerade den Ausgleich von Potentialunterschieden zum Ziel haben:

Potentialunterschied ⇒ elektrischer Überschlag ⇒ kein Potentialunterschied mehr

Mit Bildung von „Masse" gibt es keine internen Potentialunterschiede mehr: Die vorhandenen Elementarladungen sind wie in einer leeren Batterie gleichmäßig verteilt. „Masse" ist der Endzustand „nach unten" (vorstehender 2. Fall), aber nicht das Ende der Energieumformung (siehe Abschnitt 7, Tabelle 5, ⑦ sowie Abschnitt III).

II Warum haben manche Materieteilchen eine elektrische Ladung und andere nicht? Elektronen sind alle gleich, Protonen sind alle gleich. Wie kommt es zu dieser Gleichheit?

Die Bedingung für Materieteilchen ist Ortsfestigkeit. Die Voraussetzung für Ortsfestigkeit ist eine Abgestimmtheit zwischen den vier physikalischen Größen Frequenz, Amplitude, geradzahlige Anzahl von Wellenlängen und Energiemenge. Ferner muss der *Gleichgewichtspunkt* unverändert bleiben, weil ein sich ändernder *Gleichgewichtspunkt* jede Abstimmung zunichtemachen würde. Bei zwei und mehr Elementarladungen wird das Verhalten des *Gleichgewichtspunktes* nach außen hin richtungsabhängig, denn zwei und mehr Elementarladungen können nicht vollständig-symmetrisch angeordnet werden. Mit „vollständig-symmetrisch" ist gemeint, dass auch nicht die kleinste Unregelmäßigkeit in der Außenwirkung entsteht. Denn solche Unregelmäßigkeiten stören die unabdingbar notwendige, dauerhaft gleichbleibende Abstimmung der vier physikalischen Größen auch nach innen. Keine oder eine Elementarladung sind dagegen nach außen hin vollständig symmetrisch. Deshalb können Materieteilchen mal eine oder mal keine Elementarladung haben, denn beide Möglichkeiten gewährleisten das dauerhafte Abgestimmtsein der vier physikalischen Größen.

Materieteilchen gibt es dann, wenn die vier vorgenannten physikalischen Größen aufeinander abgestimmt sind. Solche Abstimmungen sind diffizil. Elektronen bewegen sich um einen Atomkern in bestimmten Abständen. So wie es nicht x-beliebig viele Aufenthaltsradien für Elektronen gibt, so gibt es auch nicht x-beliebig viele Konstellationen, die Ortsfestigkeit ermöglichen. Ist eine Konstellation gegeben, dann produziert diese Konstellation genau eine Sorte Materieteilchen, so wie ein Fließband in einer Maschinenfabrik immer das gleiche Produkt erzeugt, so werden pro

Konstellation eben ausschließlich entweder Elektronen, Protonen/Neutronen oder andere Materieteilchen erzeugt.

III Das Quadrat der Lichtgeschwindigkeit c² in der Einstein-Formel

Lichtgeschwindigkeit zum Quadrat hat die physikalische Einheit Wegstrecke zum Quadrat im Verhältnis zu der Zeitdauer zum Quadrat: $\mathbf{m^2/s^2}$. Beschleunigung $[\mathbf{m/s^2}]$ multipliziert mit Wegstrecke $[\mathbf{m}]$ hat auch die Dimension $\mathbf{m^2/s^2}$. Zufall? In der Formel für potentielle Energie $\mathbf{N_{pot} = M \times g \times h}$ kommt das Produkt (Erd-)Beschleunigung $\mathbf{g}$ mal Wegstrecke $\mathbf{h}$ vor. Das deutet auf mehr als auf Zufälligkeit hin.

Eine Elementarladung in der x-y-Schwingungsebene einer elektromagnetischen Welle hat maximale elektrostatische und null elektrokinetische/magnetische Energie. Mit Annäherung an die x-y-Schwingungsebene nimmt die Elementarladung an elektrostatischer Energie zu Lasten der elektrokinetischen/magnetischen Energie zu, mit Entfernung von der x-y-Schwingungsebene ist es umgekehrt. Die Elementarladung ändert die Richtung: einmal aus dem x-y-z-Schwingungsraum hin zur x-y-Schwingungsebene und dann umgekehrt. Die Elementarladung bewegt sich mit dem Betrag der Lichtgeschwindigkeit zwischen elektrostatischem und elektrokinetischem/magnetischem Maximum. Die beiden Maxima sind um die Strecke $\boldsymbol{\lambda/2}$ voneinander entfernt. Auf dem Weg von einem Maximum zum anderen ändern sich Geschwindigkeit und Richtung. Geschwindigkeitsänderung einschließlich Geschwindigkeitsrichtungsänderung ist Beschleunigung. Da sich elektromagnetische Wellen gekrümmt durch den Raum ausbreiten (siehe Abschnitt 5.5.4), beschleunigt die Elementarladung ständig und gleichzeitig werden Wegstrecken zurückgelegt.

Das mathematische Produkt aus Beschleunigung und Wegstrecke spiegelt somit das Verhalten der Elementarladung wieder.

Es gilt (Quelle: Wikipedia)

$$\mathbf{c^2 = 1/(\varepsilon_0 \mu_0)}$$

mit $\boldsymbol{\varepsilon_0}$ als elektrische und $\boldsymbol{\mu_0}$ magnetische Feldkonstante. Da die Feldkonstanten konstant sind, ist auch $\mathbf{c^2}$ konstant.

Wäre die elektrische Feldkonstante $\boldsymbol{\varepsilon_0}$ größer, wäre die elektrische Feldstärke **E** kleiner (siehe Formel (1a)). Wird die elektrische Feldstärke **E** kleiner, wird die elektrostatische Energie $\mathbf{N_{elstat}}$ kleiner, was beispielsweise anhand der Energie-Formel für einen Plattenkondensator $\mathbf{N_{elstat} = C \times E^2 \times d^2}$ ersichtlich ist. Bei konstanter Gesamtenergiemenge verschieben sich Energieanteile weg von der elektrostatischen Energie hin zur elektrokinetischen/magnetischen Energie. Bei Verkleinerung von $\boldsymbol{\varepsilon_0}$ wird der elektrostatische Energieanteil exponentiell größer (siehe Formel (1a)). Wäre die magnetische Feldkonstante $\boldsymbol{\mu_0}$ größer, wüchse der Anteil der elektrokinetischen/magnetischen Energie zu Lasten der elektrostatischen Energie.

Die Einstein-Formel wird nach Masse umgestellt:

$$\mathbf{Masse = Energie/c^2 = Energie \times \boldsymbol{\varepsilon_0} \times \boldsymbol{\mu_0}}$$

Die Gleichung bedeutet, dass es keine Masse gäbe, wenn das Produkt $\boldsymbol{\varepsilon_0 \times \mu_0}$ null wäre, selbst wenn es insgesamt sehr viel Energie gäbe. Wäre $\boldsymbol{\mu_0}$ gleich null, gäbe es nur elektrostatische Energie, denn irgendwo muss die Energie bleiben, wenn Masse und elektrokinetische/magnetische Energie null sind. Masse ist somit auf das gleichzeitige Vorhandensein von bewegten und unbewegten elektrischen Ladungen angewiesen. Das Produkt Beschleunigung mal Abstand steht genau für diese Vorbedingung für Masse: $\mathbf{c^2}$ als Produkt aus Beschleunigung mal Abstand zu verstehen macht Sinn!

Elektrostatische Energie benötigt Abstand zwischen elektrischen Ladungen. Im Grenzfall ist der Abstand null. Dann gibt es keine elektrostatische Energie mehr. Ist es dann auch noch so, dass alle Energie auf engem Raum begrenzt ist, wie in einem Schwarzen Loch, dann gibt es weder innerhalb noch außerhalb des Schwarzen Lochs elektrische Ladungen und somit weder innerhalb noch außerhalb des Schwarzen Loches elektrostatische Energie. Masse gibt es auch nicht, denn Masse setzt das Vorhandensein elektrostatischer Energie voraus (siehe oben). Schlussfolgerung: In dem Grenzfall gibt es wegen des Energieerhaltungssatzes nur noch elektrokinetische/magnetische Energie.

Elektrokinetische/magnetische Energie bewegt sich und verlässt den Ort der elektrostatischen Null-Energie. Und schon gibt es wieder Abstand und gleichzeitig damit wieder elektrostatische Energie. Und es kann sich wieder Masse bilden, die sich wieder konzentriert, bis es zum nächsten Kollaps der elektrostatischen Energie kommt.

Das Weltall ist ein geschlossenes System. Es hört da auf, wo sich die am weitesten entfernte Elementarladung befindet. Denn Elementarladungen außerhalb des Weltalls würden von den elektrischen Ladungen des Weltalls beeinflusst werden, wären also nicht frei und gehörten deshalb zum Weltall. Coulomkraft und „Anti-Coulomkraft" sorgen dafür, dass Energie zwischen elektrostatischer und elektrokinetischer/magnetischer Form hin und her wechselt. Dabei kommt es zu elektrischen Überschlägen, bei welchen Energie in Masse umgewandelt wird. Mit der Zeit schwingt immer weniger Energie zwischen elektrostatischer und elektrokinetischer/magnetischer Form hin und her. Getrennt entstandene Massen unterscheiden sich in der Anzahl der Elementarladungen. Die in den unterschiedlichen Massen in unterschiedlicher Anzahl vorhandenen elektrischen Ladungen verhalten sich so, als ob sie frei wären. D. h., Coulomkraft und „Anti-Coulomkraft" kommen zur Wirkung mit der Folge, dass es zu weiterer und immer schneller werdender Massebildung kommt. Bis endlich soviel Masse konzentriert ist, dass die elektrostatische Energie zusammenbricht: Urknall.

Das Weltall bewegt sich zwischen zwei Urknällen pulsierend, durch die „Anti-Coulombkraft“ zusammengehalten, durch die Coulombkraft auseinanderstrebend, auf einer gekrümmten Schraubenbahn durch einen ansonst leeren Raum.